Khitam Elwasife
Ghadir Yasin

Simulação Numérica de EMR em Tecido Cardíaco Humano

Khitam Elwasife
Ghadir Yasin

Simulação Numérica de EMR em Tecido Cardíaco Humano

Simulação numérica do efeito térmico da radiação electromagnética no tecido cardíaco humano utilizando o método FDTD

ScienciaScripts

Imprint
Any brand names and product names mentioned in this book are subject to trademark, brand or patent protection and are trademarks or registered trademarks of their respective holders. The use of brand names, product names, common names, trade names, product descriptions etc. even without a particular marking in this work is in no way to be construed to mean that such names may be regarded as unrestricted in respect of trademark and brand protection legislation and could thus be used by anyone.

Cover image: www.ingimage.com

This book is a translation from the original published under ISBN 978-620-8-42210-3.

Publisher:
Sciencia Scripts
is a trademark of
Dodo Books Indian Ocean Ltd. and OmniScriptum S.R.L publishing group

120 High Road, East Finchley, London, N2 9ED, United Kingdom
Str. Armeneasca 28/1, office 1, Chisinau MD-2012, Republic of Moldova, Europe
Managing Directors: Ieva Konstantinova, Victoria Ursu
info@omniscriptum.com

Printed at: see last page
ISBN: 978-620-8-64704-9

Simulação Numérica da Radiação Electromagnética no Tecido Cardíaco Humano usando o método do domínio do tempo com diferenças finitas

Por

Khitam Y.
&
Ghadir M. Yasin

Resumo

Esta tese tem como objetivo apresentar uma simulação numérica do efeito da radiação electromagnética no tecido cardíaco humano e explorar o efeito de diferentes frequências do espetro eletromagnético (900 MHz, 1800 MHz, 2400 MHz) na taxa de absorção específica (SAR), na densidade de potência e na distribuição dos campos electromagnéticos através do programa Matlab e do método FDTD (Finite-Difference Time-Domain) em 1D. Verificámos que o tecido cardíaco reage mais a 900 MHz em comparação com 1800 MHz e 2400 MHz, e que a absorção do tecido é mais elevada na frequência mais baixa. Além disso, foi discutida uma análise matemática das equações de aquecimento por radiação electromagnética num modelo unidimensional de uma camada, calculando numericamente a equação de transferência de bio-calor transiente e as equações de Maxwell, utilizando o método das diferenças finitas para prever os efeitos das propriedades físicas térmicas na temperatura transiente do tecido cardíaco humano. Foram considerados os efeitos de vários parâmetros no aumento da temperatura do tecido cardíaco humano, tais como o campo elétrico, o campo magnético, a espessura e a condutividade térmica do tecido cardíaco. Verificámos que a frequência que mais afecta o tecido é a de 900MHz.

Agradecimentos

Louvado seja Deus, que nos ensinou o que não sabíamos, e que a paz e as bênçãos estejam com o mestre da criação, Maomé, nosso profeta e mestre.

Antes de mais, agradeço a Deus Todo-Poderoso, o meu primeiro guia, que me inspirou e me deu a oportunidade de aprender e avançar na viagem do conhecimento. Depois, aos meus pais, que me deram tudo o que podiam para que eu pudesse ser o que sou agora. Sem o seu amor e apoio, não teria conseguido concluir este projeto.

Dr. khitam Y. Elwasife, tenho muita sorte em tê-la como minha orientadora, dando-me a liberdade de explorar e, ao mesmo tempo, orientando-me para recuperar quando vacilo, a sua valiosa orientação e feedback ajudaram-me a concluir este projeto, agradeço sinceramente a sua dedicação e paciência neste trabalho.

Gostaria também de agradecer aos meus amigos, colegas e ao corpo docente do Departamento de Física, que tornaram a minha passagem pela Universidade Islâmica numa experiência científica única. Estou especialmente grato ao Dr. Taher El-Agez, que me inspirou a completar o meu percurso científico no domínio da física.

Por último, mas não menos importante, gostaria de expressar a minha gratidão a todos os que me ajudaram, apoiaram e inspiraram neste projeto.

Graças a Deus.

Índice

Resumo 2

Agradecimentos 3

Índice 4

Lista de abreviaturas 5

Introdução 7

Método do Domínio do Tempo Diferente Finito (FDTD) e Equação de Maxwell 16

Radiação electromagnética e distribuição de SAR em modelo de coração humano utilizando a técnica FDTD 28

Efeito térmico da EMR no tecido cardíaco humano 46

A lista de referências 61

Lista de abreviaturas

EMR	Electromagnitic Radiaion
FDTF	Finite-difference time-domain
SAR	Specific Absorption Rate

Capítulo 1
Introdução

Capítulo 1

Introdução

1.1 Radiação electromagnética

O acontecimento mais sensacional no avanço da ciência física ao longo do século XIX, em 1873, foi quando James Clerk Maxwell combinou as leis da eletricidade e do magnetismo com as leis do comportamento da luz (Feynman, 1986) . As propriedades da eletricidade e do magnetismo, que foram gradualmente descobertas, mostraram que as forças eléctricas de atração e repulsão, e as forças magnéticas, mostram que são inversamente proporcionais ao quadrado da distância. Por conseguinte, a distâncias suficientemente grandes, o efeito é reduzido. Maxwell reparou que os campos eléctricos e magnéticos diminuem muito mais lentamente com a distância do que o inverso do quadrado, pelo que percebeu que, como o campo não variava como o inverso do quadrado, uma corrente num local afectaria outras cargas à distância. Nessa altura, até a própria luz era considerada um efeito eletromagnético que se estendia a longa distância, produzido pela rápida oscilação dos electrões nos átomos. Resumimos todos estes fenómenos em radiação electromagnética (Feynman, 1986) .

A radiação electromagnética (EM) é produzida quando uma partícula atómica, como um eletrão, é acelerada por um campo elétrico, fazendo com que produza campos eléctricos e magnéticos oscilantes que fluem em ângulos rectos entre si num quantum de energia luminosa conhecido como fotão (Cheng, 1989) . Acreditando na forma como esta oscilação ocorre e na potência gerada, são gerados vários comprimentos de onda do espetro eletromagnético. Todas as radiações electromagnéticas viajam à velocidade da luz, que é de cerca de 3,0 * 108 metros por segundo através do espaço livre, comummente designada por c, nada pode viajar mais depressa do que a velocidade da luz (Maxwell, 1865) . estes raios deslocam-se da fonte para o recetor com energia, a sua equação energética é: E = h f, em que a constante h é a constante de Planck h = 6,6x10-34 J.s, e f é a frequência, a unidade utiliza electrões-volt para exprimir a energia da radiação electromagnética 1e.v = 1,6 x 10-19J (Cheng, 1989) .

1.2 Propriedades da radiação electromagnética

A radiação electromagnética é composta por dois campos perpendiculares entre si, também ortogonais à direção de propagação da frente de onda. O campo elétrico e é simbolizado por E, e o campo magnético é simbolizado por B (Born & Wolf, 2013) . As qualidades e a estrutura das ondas fundamentais são partilhadas por todos os tipos de radiação electromagnética, quer sejam criadas em raios X utilizados em imagiologia médica, transmitidas em estações de rádio ou radiação ultravioleta libertada pelo sol. O comprimento de onda λ é a distância entre as cristas sucessivas de uma onda. Pode ser definido simplesmente como a distância de um ciclo completo de oscilação. Podemos estabelecer a seguinte relação se é o comprimento de onda, c é a velocidade da luz, e a frequência. ($c = \lambda$ v), Amplitude É a distância entre o centro da onda e a sua maior deslocação vertical, e Frequência É o número de ciclos por segundo, medido em Hertz (Hz) ou (sec-1). (Andrews, 2009) .

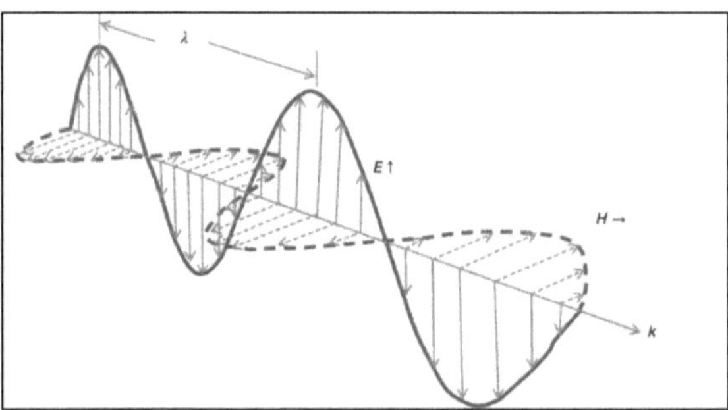

Figura (1.1): Uma onda electromagnética em propagação, onde estão representados os vectores elétrico(E) e magnético(H), (K) é a direção de propagação, (λ) é o comprimento de onda (Wood & Karipidis ., 2017)

As forças de atração e repulsão que ocorrem entre cargas eléctricas, é uma das quatro interações electromagnéticas básicas, onde os pólos magnéticos estão dispostos sob a forma de pares que se atraem mutuamente, e quando a corrente eléctrica passa através do fio, é gerado um campo magnético, e a sua direção é com o sentido da corrente, e o campo elétrico produz um campo magnético Também acontece o contrário. (Cheng, 1989) .

1.3 Espectro eletromagnético

A totalidade da transmissão da radiação electromagnética por comprimento de onda ou frequência é designada por espetro eletromagnético. Embora todas as ondas electromagnéticas no vácuo se movam à velocidade da luz, fazem-no numa grande variedade de comprimentos de onda, frequências e energias dos fotões. (Zamanian & Hardiman, 2005) . A gama electromagnética abrange ondas electromagnéticas com frequências que vão de menos de um hertz até mais de 1025 hertz, congruentes com comprimentos de onda de milhares de quilómetros até uma parte negligenciável do tamanho de um núcleo atómico (Elert, 1998) . O espetro eletromagnético abrange todas as ondas electromagnéticas e consiste em muitas subfaixas, e as diferentes radiações electromagnéticas dentro de cada faixa de frequência recebem nomes diferentes com base nos vários comportamentos de emissão, transmissão e absorção da onda correspondente. E também com base nas suas diferentes aplicações práticas, começando com os comprimentos de onda baixos ou longos das ondas de rádio, micro-ondas, infravermelhos, luz visível e terminando com os comprimentos de onda curtos ou de alta frequência do ultravioleta, raios X e raios gama. É importante referir que não existem fronteiras bem definidas entre as bandas de ondas electromagnéticas, mas sim intervalos que se sobrepõem, como um arco-íris que representa parte do espetro da luz visível. A radiação de cada comprimento de onda e frequência tem uma mistura de duas regiões do espetro que contrastam com elas. (Sankaran & Ehsani ., 2014)

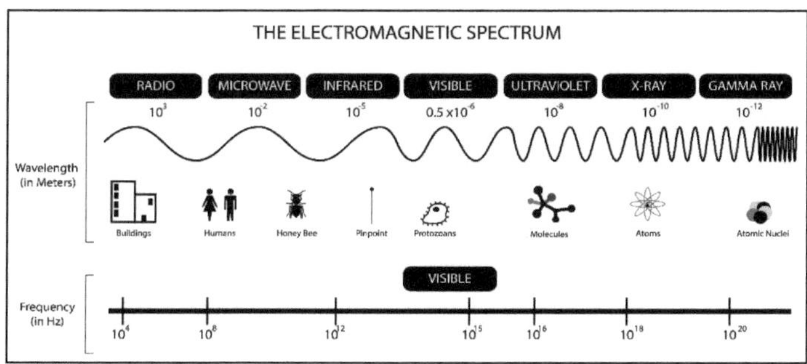

Figura (1.2): O espetro eletromagnético.

1.3.1 Ondas de rádio

As ondas de rádio são classificadas como radiação electromagnética. As frequências do espetro radioelétrico variam entre 300 GHz e 30 Hz (Hz), os comprimentos de onda correspondentes vão de 1 milímetro (mm) a 10 000 quilómetros (km) e têm níveis de energia mínimos. (Ellingson, 2016) .

As ondas de rádio têm propriedades de propagação desejáveis devido ao seu grande comprimento de onda e são mais amplamente utilizadas para transferir informações para distâncias maiores do que outras ondas electromagnéticas em redes sem fios, emissões de rádio, satélites de comunicação, telemóveis, e emissões de televisão. São também utilizadas em sistemas de radar, bem como na localização de objectos distantes, no Sistema de Posicionamento Global (GPS), no controlo remoto, no aquecimento industrial, na ilustração de mapas da superfície da Terra e na previsão de padrões meteorológicos (Ellingson, 2016; Seybold, 2005)

1.3.2 Micro-ondas

As micro-ondas fazem parte do espetro eletromagnético, com comprimentos de onda que variam entre 1 metro e 1 milímetro e frequências que vão de 300 MHz a 300 GHz (Rhim & Buyukozturk, 1998) . As micro-ondas viajam em linha reta, ao contrário das ondas de rádio, que não fazem curvas em torno da Terra nem reflectem a ionosfera (Atwater, 1997) . As micro-ondas são utilizadas numa variedade de aplicações tecnológicas modernas, incluindo redes sem fios, comunicações ponto-a-ponto, retransmissão direcional de micro-ondas, redes de comunicação e satélites, sensores remotos, sistemas de aquecimento, dispositivos anti-colisão, sistemas de abertura de portas à distância, terapia (diatérmica) e cozedura por micro-ondas. (Goldsmith, 2005) .

1.4 Radiação ionizante e não ionizante

As radiações electromagnéticas não ionizantes e ionizantes são divididas em duas categorias com base na sua capacidade de extrair electrões dos átomos. A radiação não ionizante, que inclui a luz visível, os raios infravermelhos, as micro-ondas, a televisão e as ondas de rádio, é definida como um fotão com um comprimento de onda mais longo, uma frequência mais baixa e uma energia mais baixa. A radiação que não é ionizante (NIR) tem energia insuficiente para ionizar átomos, moléculas e perturbar as ligações químicas entre os átomos. (Wood & Karipidis, 2017) . Os efeitos não mutagénicos incluem a ativação da energia térmica nos tecidos biológicos, que é em grande parte induzida pelos efeitos de aquecimento da transferência de energia combinada de muitos fotões e pode causar queimaduras, mas não danifica diretamente o material genético (ADN) nas moléculas nem pode causar cancro. (Turner, 2008) . De acordo com alguns estudos, a exposição excessiva a altas densidades de potência de radiações não ionizantes pode criar problemas de saúde. A doença de Alzheimer, o cancro, os tumores, as dores de cabeça, o cansaço e outras doenças são alguns dos riscos para a saúde. No entanto, os cientistas têm dúvidas quanto às implicações a longo prazo da exposição prolongada a radiações não ionizantes. (Zamanian & Hardiman, 2005) .

A radiação ionizante é um fotão com uma frequência elevada, um comprimento de onda curto e energia suficiente para remover os electrões dos átomos, os átomos e as moléculas são retirados dos tecidos e os processos químicos do corpo são alterados através da conversão total ou parcial das moléculas em iões. (Lavin, 2006) . Estas radiações têm a capacidade de danificar as células vivas e o ADN, o que pode causar anomalias genéticas, cancro e defeitos congénitos, para além de constituir um perigo para a saúde. (Khan & Gibbons, 2014) . A radiação ionizante inclui os raios ultravioleta, os raios X e os raios gama. As fontes naturais de radiação ionizante expõem os seres humanos a baixas quantidades de radiação ionizante a todo o momento. A radiação de fundo é uma forma de radiação cujas principais fontes são a luz solar e os raios solares. Na superfície do planeta, os elementos radioactivos podem ser encontrados no granito, no carvão e noutros minerais. Os raios cósmicos do espaço atingem a atmosfera do planeta através da ionosfera e dos gases radioactivos que se escapam do solo (rádon). (Zamanian & Hardiman, 2005) .

1.5 Radiação electromagnética e efeito biológico

Os efeitos da radiação electromagnética nos sistemas biológicos e nos organismos foram influenciados por uma variedade de parâmetros, incluindo a potência e a frequência da radiação, a duração da exposição, a extensão da distância de fontes diferentes e diversas, a natureza dos tecidos e as circunstâncias da exposição. (Barchanski, 2007; Ohtani et al., 2015) .

Os campos no interior dos tecidos do corpo biológico podem interagir com a radiação electromagnética. Se o corpo humano for submetido a uma onda eléctrica que provoca uma entrada parcial, os tecidos do corpo enfraquecem-na e absorvem os seus componentes. (Kaushik & Pathak) .

Há muitos trabalhos que demonstram que uma frequência electromagnética fraca (ondas de radiofrequência de baixa frequência) não tem efeitos significativos na saúde humana (Phillips, Singh, & Lai, 2009) . Por outro lado, muitas investigações têm sido contraditórias ao longo dos anos, uma vez que foi demonstrado que os campos electromagnéticos de baixa frequência podem ter efeitos biológicos relacionados com a redistribuição de iões, o que pode afetar processos celulares como a reprodução e a diferenciação. (Foletti et al., 2009) .

A radiação electromagnética de frequência intermédia é eficaz na inibição do desenvolvimento celular; este impacto inibitório direto na proliferação celular pode ser utilizado terapeuticamente no tratamento do cancro. (Kirson et al., 2009) . Embora a radiação electromagnética de frequência extremamente elevada tenha efeitos térmicos e não térmicos nos sistemas biológicos, o que é representado pela taxa de absorção específica (SAR), o efeito termogénico está sobretudo relacionado com a intensidade da radiação electromagnética. O efeito térmico, ou seja, o aumento da temperatura, provoca uma série de alterações no funcionamento celular, que podem resultar na morte da célula. (Belyaev & Medicine, 2005; Phillips et al., 2009) .

1.6 Organização do corpo humano

O corpo humano está organizado a vários níveis que se baseiam uns nos outros. Os tecidos são constituídos por células, os órgãos são constituídos por tecidos e os sistemas são constituídos por órgãos. O corpo humano é constituído por unidades estruturais e funcionais chamadas células. Os tecidos são materiais constituídos por grupos de células comparáveis. As células têm uma variedade de formas e tamanhos e os tecidos diferem com base nos tipos de células que compõem a sua estrutura. Os órgãos, tais como o coração, o cérebro, os pulmões e o fígado, são constituídos por tecidos que se juntam para formar unidades maiores chamadas órgãos. Cada órgão é constituído por vários tipos de tecido que lhe permitem desempenhar a sua função específica. Um sistema é um grupo de órgãos que desempenham uma função colectiva para realizar as actividades básicas do corpo. Existem nove sistemas distintos. (Hassard, Holliday, & Willmott, 2000; Tortora & Derrickson, 2018) .

1.7 Coração humano

O coração humano é um órgão de quatro câmaras que regula o fluxo sanguíneo em todo o corpo. Retira o sangue desoxigenado do corpo, transporta-o para os pulmões e distribui o sangue oxigenado dos pulmões por todo o corpo. (Arackal & Alsayouri, 2020; Gross & Kugel, 1931) . O miocárdio, ou tecido cardíaco, é um tipo de tecido muscular que forma o coração, a célula fisicamente mais ativa do corpo. Os músculos cardíacos revestem o miocárdio e são responsáveis pela ação contrátil da bomba cardíaca. O músculo cardíaco é um dos primeiros órgãos embrionários funcionais que continua a contrair-se e a bater durante toda a vida. Este tecido muscular é importante para manter o coração a bombear o sangue para todo o corpo, contraindo-se e libertando-se automaticamente e sem fadiga 3 mil milhões de vezes ou mais numa vida humana média. Sem esforço consciente, cerca de 7.000 litros de sangue são bombeados todos os dias ao longo de 100.000 quilómetros de veias sanguíneas. A estrutura do corpo humano (Severs, 2000; Tran, Weber, & Lopez, 2020) . As células que compõem o coração são únicas. Tem a capacidade de ativar e difundir a eletricidade em cada célula cardíaca. O músculo cardíaco tem caraterísticas celulares e fisiológicas específicas que lhe permitem criar força para manter a perfusão adequada dos tecidos e órgãos em todo o corpo. Os cardiomiócitos revestem a camada mais espessa de cada câmara do coração e são fornecidos por um sistema complicado de artérias coronárias, linfáticos cardíacos e inervação autonómica. (Tran et al., 2020) .

1.7.1 Estrutura e função

Músculo cardíaco Composto por três camadas distintas que constituem o coração: Endocárdio, Miocárdio e Epicárdio. O miocárdio é a camada maior e mais espessa do coração. Entre a camada do endocárdio, que delimita as câmaras internas, e a camada externa do epicárdio, que é um componente do pericárdio, que envolve e protege o coração, encontra-se esta camada. (Ge, Li, McNamara, Dos Remedios, & Lal, 2019) . Os cardiomiócitos, que têm diferentes formas e caraterísticas que se correlacionam com a sua atividade contrátil, constituem os músculos do coração histologicamente. Como a actina e a miosina estão agrupadas em sarcómeros, os cardiomiócitos são estriados, tal como o músculo esquelético. Os discos intercalados são uma caraterística biológica e fisiológica dos cardiomiócitos que incluem adesões celulares, como as junções comunicantes, para melhorar a comunicação célula-célula. Os discos intercalados ligam as células entre si e trabalham para transferir iões carregados, diminuindo a resistência e permitindo que fluam livremente. que trabalham para criar contracções que bombeiam o sangue por todo o corpo são involuntárias. (Eisenberg & Markwald, 2004; Ge et al., 2019) .

1.7.2 Coração e sistema circulatório

O coração e os capilares sanguíneos que percorrem todo o corpo constituem o sistema circulatório. As artérias transportam o sangue para fora do coração, enquanto as veias o devolvem. O sistema cardiovascular é responsável por fornecer nutrição e oxigénio a todas as células do corpo. Existem dois sistemas de circulação sanguínea no corpo humano, a circulação pulmonar e a circulação sistémica (Menche & Raichle, 2020) . Quando o coração relaxa entre os batimentos, o sangue flui de ambos os átrios para os ventrículos, que subsequentemente se alargam, e depois ambos os ventrículos bombeiam o sangue para as grandes artérias (Trebsdorf & Gebhardt, 2000) . Na circulação sistémica, o ventrículo esquerdo bombeia sangue rico em oxigénio para a artéria principal. O sangue viaja da artéria principal para artérias mais pequenas antes de entrar na rede capilar. O sangue transporta oxigénio, nutrientes e outras moléculas importantes para as células e tecidos do corpo. O CO_2 e os resíduos são absorvidos por ele. As veias recolhem o sangue com baixo teor de oxigénio e transportam-no para a aurícula direita e para o ventrículo direito. É aqui que começa a circulação pulmonar. O ventrículo direito bombeia sangue com baixo teor de oxigénio para a artéria pulmonar, que se separa em artérias cada vez mais pequenas e capilares, onde o dióxido de carbono do sangue é expelido para o ar dentro das vesículas pulmonares e o dióxido de carbono deixa o nosso corpo quando expiramos. O sangue fornece oxigénio ao ventrículo esquerdo e entra nele através das veias pulmonares e da aurícula esquerda. A pulsação seguinte dá início a um novo ciclo de circulação sistémica. As veias pulmonares e a aurícula esquerda transportam o oxigénio para o ventrículo esquerdo, que se enche de sangue. Um novo ciclo de circulação sistémica começa com o pulso seguinte. (Menche & Raichle, 2020; Morris & Nilsson, 2021; Schemann, 2017) .

Capítulo 2
Método do Domínio do Tempo Diferente Finito (FDTD) e Equação de Maxwell

Capítulo 2

Método do Domínio do Tempo Diferente Finito (FDTD) e Equação de Maxwell

2.1 Introdução

Este capítulo abordou a dispersão de ondas electromagnéticas pelo método das Diferenças Finitas no Domínio do Tempo (FDTD), seguindo uma fórmula matemática genérica. Este método aproxima as equações de Maxwell no domínio do tempo em uma, duas e três dimensões. A técnica (FDTD) é um dos métodos mais proeminentes em electromagnética computacional e uma forma direta de resolver as equações de Maxwell. Pertence à vasta família de métodos de modelação numérica diferencial baseados em grelhas. Pretendemos resolver as equações de Faraday e de Ampere em grelhas escalonadasOs campos eléctricos e magnéticos são especificados em pontos de grelha ortogonais com um desvio de meia célula nos domínios espacial e temporal

Para entender bem o método, começaremos com um problema unidimensional básico e assumiremos o espaço livre como o meio de propagação antes de aplicar a equação de curl maxwells dependente do tempo. Ao trabalhar, podemos ver que a derivada temporal do campo E é influenciada pela curvatura do campo H, e que a equação que resulta no novo valor do campo E é influenciada pela diferença no valor antigo do campo H de cada lado do ponto do campo E no espaço, bem como pelo valor antigo do campo H da mesma forma. quando o procedimento é utilizado num meio diferente A substância de cada célula dentro do domínio computacional deve ser definida. Qualquer material pode ser utilizado, desde que a permissividade, a permeabilidade e a condutividade sejam definidas. A fonte, que pode ser uma corrente de um fio, uma onda plana ou um campo elétrico, é detalhada após a determinação dos materiais da grelha e do domínio computacional. O campo eletromagnético é então simulado e calculado numa grelha num único ponto ou numa série de locais dentro do domínio computacional. Os campos E e H movem-se no tempo à medida que a simulação progride.

2.2 Equação de Maxwell

No século XIX, o cientista James Clerk Maxwell desenvolveu uma teoria electromagnética completa, que é representada pelas quatro equações de Maxwell. Maxwell sintetizou o trabalho de cientistas brilhantes como Oersted, Faraday, Ampere, Coulomb e Gauss, bem como os seus próprios pensamentos, para construir a teoria geral da electromagnética. A teoria completa e simétrica de Maxwell demonstrou que as forças eléctricas e magnéticas não são entidades distintas, mas sim representações diferentes do mesmo fenómeno. As equações de Maxwell abrangem as regras fundamentais da eletricidade e do magnetismo. (Sengupta, Sarkar, & Magazine, 2003; Weinstein, 1988) .

As equações básicas de Maxwell na forma derivada são dadas por:

$$\nabla \times \mathbf{E} = -\frac{\partial \mathbf{B}}{\partial t} \quad \text{Faraday's Law} \tag{2.1}$$

$$\nabla \times \mathbf{H} = \frac{\partial \mathbf{D}}{\partial t} + \mathbf{J} \quad \text{Ampere's law} \tag{2.2}$$

$$\nabla \cdot \mathbf{D} = \rho \quad \text{Gauss's Law for electric field} \tag{2.3}$$

$$\nabla \cdot \mathbf{B} = 0 \quad \text{Gauss's Law for magnetic field} \tag{2.4}$$

Onde:

E: Intensidade do campo elétrico (volts/metro)

H: Intensidade do campo magnético (amperes/metro)

D: Densidade do fluxo elétrico (coulombs/metro2)

J: Densidade da corrente eléctrica (amperes/metro2)

ρ: Densidade da carga eléctrica (coulombs/metro3)

$\partial \mathbf{D}/\partial t$: corrente de deslocação

A previsão de Maxwell sobre a presença de ondas electromagnéticas, que acabaram por ser descobertas por outros cientistas, estava correta. Essa onda é descrita como uma onda electromagnética porque oscila entre campos eléctricos e magnéticos. As equações de

Maxwell geraram a velocidade teórica de uma onda electromagnética que corresponde ao valor experimental da velocidade da luz dado pela equação, com um pequeno erro experimental. (Kong, 1975) .

$$c_\circ = \frac{1}{\sqrt{\mu_0\,\varepsilon_0}} \qquad (2.5)$$

As equações de Maxwell ilustram como uma simples expressão matemática pode unir e exprimir elegantemente uma multiplicidade de conceitos. Estas quatro equações têm os seguintes enunciados: (2.1) Campos magnéticos variáveis geram campos eléctricos, o que é uma expressão da lei de indução de Faraday; (2.2) Campos eléctricos variáveis e correntes eléctricas produzem campos magnéticos, o que é uma expressão da lei circuital de Ampere, (2.3) A força de Coulomb é representada pelo campo elétrico que diverge da carga eléctrica, e (2.4) Embora não existam pólos magnéticos isolados, a força de Coulomb actua entre os pólos de um íman.

Em materiais lineares, isotrópicos e não dispersivos, podemos relacionar as densidades de fluxo e as intensidades de campo através das relações constitutivas utilizando proporções simples:

$$\mathbf{D} = \varepsilon_0\varepsilon_r\mathbf{E} = \varepsilon\mathbf{E} \qquad (2.6)$$

$$\mathbf{B} = \mu_0\mu_r\mathbf{H} = \mu\mathbf{H} \qquad (2.7)$$

Onde:

ε_0: Permissividade eléctrica do espaço livre (8,854× 10-12 farads/metro)

ε_r: Permissividade eléctrica relativa (sem dimensões)

ε: A permissividade do meio (farads/metro)

μ_0: Permeabilidade magnética do espaço livre (4 π× 10-7 henrys/metro)

μ_r: Permeabilidade magnética relativa (sem dimensões)

μ: A permeabilidade do meio (henrys/metro)

μ_r eε_r dependem da frequência.

D induziu um campo **E** proporcional à permissividade, e o campo**B** induziu um campo**H** proporcional à permeabilidade

2.3 Equação de Maxwell em coordenadas cartesianas

No espaço euclidiano tridimensional, a curvatura é um operador vetorial que caracteriza a circulação infinitesimal de um campo vetorial. (Weisstein, 2002) . considere a equação de Maxwell para campos electrostáticos (Lei de Faraday) e magnéticos (Lei de Ampere) para condições variáveis no tempo, dependendo do meio que transporta uma onda, são dadas da seguinte forma :

2.3.1 Um espaço livre

No vácuo não há correntes (J = 0).E eH são vectores em três dimensões

$$\nabla \times \mathbf{E} = -\mu_0 \frac{\partial \mathbf{H}}{\partial t} \tag{2.8}$$

$$\nabla \times \mathbf{H} = \varepsilon_0 \frac{\partial \mathbf{E}}{\partial t} \tag{2.9}$$

Expansão das componentes vectoriais dos operadores de curvatura, cada uma destas equações dá origem a três equações escalares acopladas sob uma coordenada cartesiana, como se segue:

$$\nabla \times \mathbf{E} = \begin{vmatrix} \hat{x} & \hat{y} & \hat{z} \\ \frac{\partial}{\partial x} & \frac{\partial}{\partial y} & \frac{\partial}{\partial z} \\ E_x & E_y & E_z \end{vmatrix} = -\mu_0 \frac{\partial \mathbf{H}}{\partial t} \tag{2.10}$$

Onde, ,$\hat{x}\hat{y}$, e$\hat{z}$ são os vectores unitários para os eixos x, y e z, respetivamente. Isto expande-se da seguinte forma:

$$\left[\hat{x}\left(\frac{\partial E_z}{\partial y} - \frac{\partial E_y}{\partial z}\right) + \hat{y}\left(\frac{\partial E_x}{\partial z} - \frac{\partial E_z}{\partial x}\right) + \hat{z}\left(\frac{\partial E_y}{\partial x} - \frac{\partial E_x}{\partial y}\right)\right] = -\mu_0\left(\hat{x}\frac{\partial H_X}{\partial t} - \hat{y}\frac{\partial H_y}{\partial t} + \hat{z}\frac{\partial H_z}{\partial t}\right) \tag{2.11}$$

Obtemos 3 equações, uma para cada ingrediente do vetor, e depois obtemos os ingredientes do campo magnético como

segue: $\frac{\partial H_X}{\partial t} = \frac{1}{\mu_0}\left(\frac{\partial E_y}{\partial z} - \frac{\partial E_z}{\partial y}\right)$ (2.12)

$$\frac{\partial H_y}{\partial t} = \frac{1}{\mu_0}\left(\frac{\partial E_z}{\partial x} - \frac{\partial E_x}{\partial z}\right) \tag{2.13}$$

$$\frac{\partial H_z}{\partial t} = \frac{1}{\mu_0}\left(\frac{\partial E_x}{\partial y} - \frac{\partial E_y}{\partial x}\right) \tag{2.14}$$

Além disso, para a Eq (2.9)

$$\nabla \times \mathbf{H} = \frac{1}{\varepsilon_0}\begin{vmatrix} \hat{x} & \hat{y} & \hat{z} \\ \frac{\partial}{\partial x} & \frac{\partial}{\partial y} & \frac{\partial}{\partial z} \\ H_x & H_y & H_z \end{vmatrix} = \frac{\partial \mathbf{E}}{\partial t} \tag{2.15}$$

$$\frac{1}{\varepsilon_0}\left[\hat{x}\left(\frac{\partial H_z}{\partial y} - \frac{\partial H_y}{\partial z}\right) + \hat{y}\left(\frac{\partial H_x}{\partial z} - \frac{\partial H_z}{\partial x}\right) + \hat{z}\left(\frac{\partial H_y}{\partial x} - \frac{\partial H_x}{\partial y}\right)\right]$$
$$= \hat{x}\frac{\partial E_X}{\partial t} - \hat{y}\frac{\partial E_y}{\partial t} + \hat{z}\frac{\partial E_z}{\partial t} \tag{2.16}$$

Obtemos mais três equações para o campo elétrico:

$$\frac{\partial E_X}{\partial t} = \frac{1}{\varepsilon_0}\left(\frac{\partial H_z}{\partial y} - \frac{\partial H_y}{\partial z}\right) \tag{2.17}$$

$$\frac{\partial E_y}{\partial t} = \frac{1}{\varepsilon_0}\left(\frac{\partial H_x}{\partial z} - \frac{\partial H_z}{\partial x}\right) \tag{2.18}$$

$$\frac{\partial E_z}{\partial t} = \frac{1}{\varepsilon_0}\left(\frac{\partial H_y}{\partial x} - \frac{\partial H_x}{\partial y}\right) \tag{2.19}$$

As ondas electromagnéticas são perpendiculares entre si no plano x-y. São também perpendiculares à linha de propagação da onda na direção z. Assim, consideramos a excitação de uma componente Ex e assumimos Ey =0, Ez =0. e nenhuma variação no plano x-y, ou seja, $\frac{\partial}{\partial x} = 0$, $\frac{\partial}{\partial y} = 0$,As equações reduzem-se a

$$\frac{\partial H_X}{\partial t} = \frac{1}{\mu_0}\left(\frac{\partial E_y}{\partial z} - \frac{\partial E_z}{\partial y}\right) = 0 \tag{2.20}$$

$$\frac{\partial H_y}{\partial t} = \frac{1}{\mu_0}\left(\frac{\partial E_z}{\partial x} - \frac{\partial E_x}{\partial z}\right) = -\frac{1}{\mu_0}\frac{\partial E_x}{\partial z} \tag{2.21}$$

$$\frac{\partial H_z}{\partial t} = \frac{1}{\mu_0}\left(\frac{\partial E_x}{\partial y} - \frac{\partial E_y}{\partial x}\right) = 0 \tag{2.22}$$

$$\frac{\partial E_X}{\partial t} = \frac{1}{\varepsilon_0}\left(\frac{\partial H_z}{\partial y} - \frac{\partial H_y}{\partial z}\right) = -\frac{1}{\varepsilon_0}\frac{\partial H_y}{\partial z} \tag{2.23}$$

2.3.2 Um meio dielétrico com perdas

Um dielétrico com perdas é um meio cuja condutividade eléctrica não é igual a zero ($\sigma \neq 0$), mas não é um condutor perfeito, fazendo com que parte da energia da onda electromagnética se perca durante a propagação. As propriedades de permeabilidade e permissividade do dielétrico com perdas podem ser descritas da seguinte forma:

$$\varepsilon = \varepsilon_0\varepsilon_r \qquad \mu = \mu_0\mu_r \tag{2.24}$$

As equações de Maxwell para meios dieléctricos com perdas podem ser dadas, respetivamente, por

$$\nabla \times \mathbf{E} = -\mu\frac{\partial \mathbf{H}}{\partial t} \tag{2.25}$$

$$\nabla \times \mathbf{H} = \mathbf{J} + \varepsilon\frac{\partial \mathbf{E}}{\partial t} \tag{2.26}$$

onde, $\mathbf{J} = \sigma\mathbf{E}$ é a densidade de corrente eléctrica (A/m2), σ é a condutividade eléctrica em (S/m), que representa as propriedades condutoras do material. Agora, as componentes vectoriais dos operadores de curvatura são expandidas da seguinte forma:

$$\frac{\partial H_X}{\partial t} = \frac{1}{\mu}\left(\frac{\partial E_y}{\partial z} - \frac{\partial E_z}{\partial y}\right) \tag{2.27}$$

$$\frac{\partial H_y}{\partial t} = \frac{1}{\mu}\left(\frac{\partial E_z}{\partial x} - \frac{\partial E_x}{\partial z}\right) \tag{2.28}$$

$$\frac{\partial H_z}{\partial t} = \frac{1}{\mu}\left(\frac{\partial E_x}{\partial y} - \frac{\partial E_y}{\partial x}\right) \tag{2.29}$$

e mais equações:

$$\frac{\partial E_X}{\partial t} = \frac{1}{\varepsilon}\left(\frac{\partial H_z}{\partial y} - \frac{\partial H_y}{\partial z} - \sigma E_X\right) \tag{2.30}$$

$$\frac{\partial E_y}{\partial t} = \frac{1}{\varepsilon}\left(\frac{\partial H_x}{\partial z} - \frac{\partial H_z}{\partial x} - \sigma E_y\right) \tag{2.31}$$

$$\frac{\partial E_z}{\partial t} = \frac{1}{\varepsilon}\left(\frac{\partial H_y}{\partial x} - \frac{\partial H_x}{\partial y} - \sigma E_z\right) \tag{2.32}$$

2.4 Método do domínio do tempo com diferenças finitas (FDTD)

é uma técnica de análise numérica utilizada na modelação da eletrodinâmica computacional, designada por método do domínio do tempo com diferenças finitas ou método de Yee, em homenagem ao matemático Ken S. yea (A. Taflove, Hagness, & Piket-May, 2005) . O acrónimo do descritor Finite-difference time-domain (FDTD) foi criado por Allen Taflove em 1980 (A. J. I. T. o. e. c. Taflove, 1980) . Desde 1990, a abordagem FDTD emergiu como o método dominante para modelizar computacionalmente muitas questões científicas e de engenharia que envolvem interações de ondas electromagnéticas com a estrutura dos materiais; é particularmente bem sucedida na simulação de materiais complicados e geralmente não homogéneos. No entanto, a abordagem FDTD distingue-se de outros métodos pelo facto de ser uma metodologia no domínio do tempo. Isto significa que podemos determinar a resposta do sistema a uma grande variedade de frequências com uma única simulação. Assim, é uma das abordagens numéricas mais prevalentes e menos difíceis usadas para resolver as equações de Maxwell no domínio do tempo usando aproximações de diferenças finitas na modelagem eletromagnética. (J. Chen, 2010; A. Taflove et al., 2005) .

O facto de a técnica FDTD ser tão simples é a principal razão do seu sucesso, pois permite a simulação detalhada de uma vasta gama de sistemas electromagnéticos e fotónicos complicados. utilizada para resolver uma vasta gama de problemas, incluindo dispersão metálica e dieléctrica, antenas, métodos de comunicação sem fios, várias interligações digitais e terapia de imagem em medicina, sistemas de radar, circuitos de microfita e absorção electromagnética (A. Taflove, Umashankar, & Propagation, 1982) .

O método FDTD é um método baseado em volume que requer a divisão do espaço da solução numa grelha uniforme de células. Os componentes dos campos elétrico e magnético serão definidos em cada célula, e ambos os campos serão escalonados no espaço. É utilizada a abordagem "leapfrog in time", o que significa que, à medida que o tempo passa, a solução para a componente dos campos E e H é calculada e depois armazenada na memória. (Archambeault, Ramahi, & Brench, 2012) .

2.5 Aproximações de diferenças finitas

Uma aproximação por diferenças finitas é um termo que aproxima uma derivada ordinária ou parcial, incluindo a função em pontos separados. O objetivo aqui é aproximar soluções para equações diferenciais, especificamente, para descobrir uma função que preencha uma ligação entre várias derivadas numa região especificada de espaço e tempo, bem como alguns requisitos de fronteira ao longo dos limites do domínio. (LeVeque, 1998) .

Para estimar a solução de uma equação diferencial ordinária ou parcial, aproxime as derivadas num conjunto de pontos de grelha e forme um sistema linear de equações que define os limites do lado direito e as condições iniciais. Nos pontos de grelha, a solução oferecerá aproximações à solução verdadeira. (Ford, 2014) .

A aproximação por diferenças finitas utilizada para resolver a forma diferencial das equações de Maxwell representa as derivadas por diferenças finitas. Utilizando fórmulas de aproximação de diferenças finitas centrais exactas de segunda ordem para as derivadas no tempo e no espaço, que são simultaneamente simples de escrever e exactas de segunda ordem em incrementos de tempo e espaço, a forma seguinte é (Milligan, 2005; A. Taflove et al., 2005)

$$\frac{\partial F^{n}(i,j,k)}{\partial x} = \frac{\partial F^{n}(i+1,j,k) - \partial F^{n}(i-1,j,k)}{\partial x} \tag{2.33}$$

$$\frac{\partial F^{n}(i,j,k)}{\partial t} = \frac{\partial F^{n+1}(i,j,k) - \partial F^{n_1}(i,j,k)}{\partial t} \tag{2.34}$$

Onde F é uma função do espaço e do tempo avaliada num ponto discreto no tempo.

2.6 Formulação FDTD e grelha Yee

Há muitos anos que a dinâmica dos fluidos computacional tem vindo a utilizar esquemas de diferenças finitas para equações diferenciais parciais dependentes do tempo, incluindo a utilização de operadores de diferenças finitas centrados em grelhas escalonadas no espaço e no tempo (Von & NEUMANN, 1950) . Kane Yee sugeriu em 1966 a utilização de operadores de diferenças finitas centrados no espaço e no tempo numa grelha cartesiana rectilínea e escalonada para cada componente do campo elétrico e magnético nas equações de Maxwell dependentes do tempo. (Yee & propagation, 1966) . Por ser simples de desenvolver, extremamente eficiente e facilmente adaptável a uma vasta gama de aplicações, o esquema de Yee é frequentemente utilizado em eletromagnetismo computacional. (Gansen, El Hachemi, Belouettar, Hassan, & Morgan, 2020) . Os esquemas FDTD são frequentemente formulados numa grelha cartesiana estruturada e utilizam as equações de Maxwell dependentes do tempo para resolver os campos eléctricos e magnéticos no tempo e no espaço, em vez de utilizarem separadamente as equações de onda. Começando com a forma diferencial das equações, as derivadas no tempo e no espaço são estimadas numa grelha espácio-temporal utilizando uma abordagem de diferenças finitas. A grelha que é utilizada na técnica FDTD é criada. A grelha FDTD é uma rede espacial tridimensional constituída por pequenos cubos que é construída de forma a que os campos elétrico e magnético sejam escalonados no tempo e no espaço. As componentes do campo elétrico (Ex(i,j,k), Ey(i,j,k), Ez(i,j,k)) formam as arestas dos cubos, e as componentes do campo magnético (Hx(i,j,k), Hy(i,j,k), Hz(i,j,k)) formam a normal às faces dos cubos. Cada componente E é rodeada por quatro componentes H, e vice-versa (Oskooi et al., 2010; A. Taflove et al., 1982) , como mostra a figura. Uma estrutura de interação de ondas electromagnéticas é mapeada na grelha espacial através da atribuição de valores adequados de permissividade e permeabilidade a cada componente de campo elétrico e magnético. (Kunz & Luebbers, 1993) .

Cada célula da grelha tem dimensões ao longo de cada eixo cartesiano. A coordenada de um nó da grelha pode ser expressa da seguinte forma $(x, y, z)_{i,j,k} = (i\Delta x, j\Delta y, k\Delta z)$. Onde$i\Delta x$, $j\Delta y$ and $k\Delta z$ são, respetivamente, os incrementos de espaço da grelha nos eixos x, y e z, e i, j, k são números inteiros. Do mesmo modo, o tempo é uniformemente discretizado como$t = n\Delta t$, como se mostra na figura seguinte

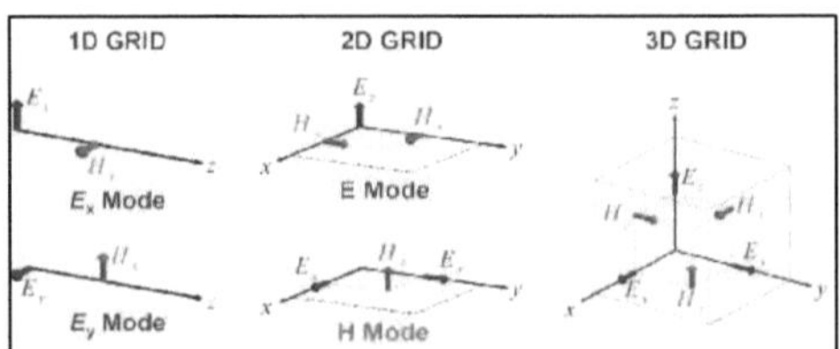

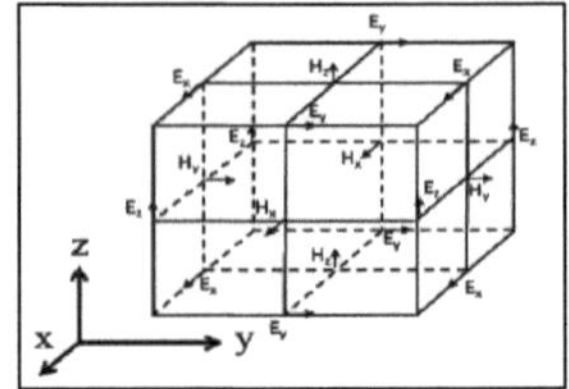

A B

Figura (2.1): a) Grelha de Yee para 1D, 2D e 3D ,b)A célula unitária da grelha de Yee.

Utilizando o esquema, os campos eléctricos e magnéticos são actualizados quando os campos eléctricos aparecem em primeiro lugar. As componentes vectoriais do campo elétrico num volume de espaço são resolvidas num determinado momento, depois, no momento seguinte, as componentes vectoriais do campo magnético são resolvidas no mesmo volume espacial, e assim por diante, até que o comportamento do campo eletromagnético em estado transiente ou estacionário tenha evoluído completamente (Kunz & Luebbers, 1993; A. J. I. T. o. e. c. Taflove, 1980) , o resultado é uma grelha FDTD. Quando um grande número de células FDTD são unidas para produzir um volume tridimensional. As faces e arestas de cada célula FDTD irão sobrepor-se às das células vizinhas. Como resultado, cada célula terá três campos eléctricos, todos eles originários de um nó partilhado. Além disso, cada célula estará próxima do nó comum do campo elétrico devido a três campos magnéticos com origem nas faces. Os campos eléctricos nas outras nove arestas da célula pertencerão a células próximas. (Q. Chen, Katsurai, Aoyagi, & Propagation, 1998) .

2.7 Revisão da literatura

Através da simulação numérica Realizamos experiências num modelo do sistema real em vez de no próprio sistema real. Fazemo-lo porque é mais rápido, mais barato e mais seguro efetuar estudos em computador sobre o modelo. Como as simulações em computador utilizam um modelo matemático do sistema real, são designadas por simulações numéricas. Neste modelo, as variáveis são utilizadas para representar as medidas numéricas essenciais das entradas e saídas do sistema real e as instruções de programação são utilizadas para definir as ligações matemáticas entre as entradas e saídas do sistema. (Jeruchim, Balaban, & Shanmugan, 2006) . Nos últimos anos, tem havido uma preocupação pública generalizada com os efeitos potencialmente nocivos da radiação electromagnética para a saúde humana; como resultado, têm sido realizados estudos sobre a interação da radiação electromagnética com o ambiente circundante, particularmente com edifícios e tecidos biológicos. A taxa de absorção específica (SAR) das frequências também está a ser investigada. Este último parâmetro nos tecidos biológicos é avaliado através de abordagens numéricas. A abordagem de diferenças finitas no domínio do tempo (FDTD) tem sido a mais utilizada para calcular a SAR e muitas variáveis. (A. Taflove et al., 2005) .

Foram discutidas as simulações da interação de campos electromagnéticos de baixa frequência e o corpo humano (Barchanski, Clemens, Gjonaj, De Gersem, & Weiland, 2007) . Foi estudada a análise matemática das equações de aquecimento "MicW" numa camada de pele unidimensional. (Rattanadecho, Wongwises, & engineering, 2007) , o impacto do campo eletromagnético, o controlo permeável, a taxa de assimilação particular, o impacto quente e as suas disseminações no interior do tronco humano também foram inspeccionados. (El-dabe, Mohamed, & El-Sayed, 2003) . Os impactos da radiação da estação base do telefone portátil no sangue das crianças pela estratégia FDTD de estrutura de 1 camada atuam para demonstrar o modelo simplificado do tecido do corpo humano irradiado pela estação base do telefone versátil é examinado (Jami & Abdallah, 2017) , e o cálculo do campo eletromagnético no interior de um tecido na frequência do telefone móvel, também o impacto das condições de aquecimento por micro-ondas nos estados quentes dos tecidos naturais e para prever os impactos das propriedades físicas quentes na temperatura transitória dos tecidos (Emili et al., 2003) . foi estudado o efeito da onda de radiofrequência irradiada por uma antena dipolo em telemóveis que funcionam na cabeça humana. Também foram investigadas as propriedades do sinal no espaço livre e a alteração do sinal após atingir a cabeça humana e atravessar as camadas da cabeça (Abo Amra, 2017) , e A investigação hipotética do impacto biológico quente das ondas milimétricas em placas dieléctricas em camadas no interior da cabeça humana (Yan, Wang, & Waves, 2003) . O campo de temperatura transitória foi calculado no tecido natural em reação a um batimento de Ultra.S centrado pela estratégia de domínio temporal de diferença finita (FDTD) (Hallaj & Cleveland, 1999) . A interação entre o M-W e os tecidos abdominais humanos e a simulação das propriedades de propagação de micro-ondas neste tecido durante a aplicação do endoscópio de cápsula sem fios foi investigada (Hao et al., 2019) . Foi descrito um modelo 2D simples para a propagação de impulsos electromagnéticos em tecidos humanos (Varotto & Staderini, 2008) . A classificação do aumento da temperatura na cabeça humana para telemóveis foi calculada e a taxa de assimilação específica na cabeça humana foi decidida utilizando o processo FDTD (J. Wang, Fujiwara, & Techniques, 1999) .

Capítulo 3

Radiação Electromagnética e SAR Distribuição no modelo de coração humano usando a técnica FDTD

Capítulo 3

Radiação electromagnética e distribuição de SAR em modelo de coração humano utilizando a técnica FDTD

3.1 introdução

A Taxa de Absorção Específica (SAR) é a média a que a radiação electromagnética é ingerida pelo corpo humano, e os seus valores máximos para os telefones contemporâneos foram determinados por organizações reguladoras estatais em muitos países. O tamanho do volume médio tem um impacto significativo nas leituras de SAR. As comparações entre várias medições são impossíveis sem o conhecimento do volume médio. Conhecer a SAR e as distribuições de temperatura nos tecidos humanos biológicos em resposta a exposições electromagnéticas é fundamental para avaliar os impactos biológicos e as utilizações medicinais da radiação electromagnética. (A. Taflove, Brodwin, & techniques, 1975) . Os métodos numéricos como o FDTD permitem uma modelização precisa de tecidos humanos não homogéneos que são difíceis de descrever experimentalmente. (Durney, 1980) . É importante notar que a radiação térmica não é o mesmo que a radiação ionizante, na medida em que apenas aumenta a temperatura da matéria comum e não quebra as ligações atómicas nem liberta os electrões dos seus iotas.

3.2 Teoria e modelo

O gráfico de demonstração do tecido unidimensional de uma camada é apresentado na figura

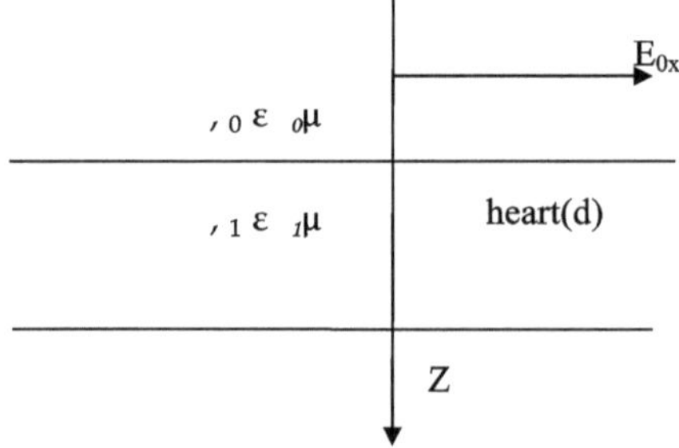

Figura (3.1): O gráfico do tecido cardíaco unidimensional de 1 camada mostra

O método de diferenças finitas 1-D é utilizado para resolver as equações de Mx que descrevem os campos eléctricos e magnéticos no tecido térmico. As fases temporal e espacial são suficientemente modestas. As propriedades dieléctricas do tecido são diferentes de acordo com as diferentes frequências, consideramos o tecido cardíaco sob o efeito da radiação com 900 MHz, 1800 MHz e 2400 MHz, as propriedades dieléctricas das diferentes frequências são determinadas no quadro 1.

Tabela 1: atributo isolante do tecido cardíaco a 900 MHz, 1800MHz e 2400MHz.

Tecido nome	**Frequência [MHz]**	**Condutividade [S/m]**	**Permissividade permissividade**	**Perda tangente**	**Comprimento de onda [m]**	**Penetração o profundidade [m]**
Coração	900	1.2298	59.893	0.41013	0.042198	0.034074
Coração	1800	1.7712	56.323	0.31405	0.02193	0.022763
Coração	2400	2.2159	54.918	0.30221	0.016671	0.017951

Começamos por utilizar a solução FDTD da equação de Max em espaço livre 1D. Partimos das equações de Max dependentes do tempo em espaço livre (2.8) e (2.9), e expandimos as componentes vectoriais em três dimensões, tal como fizemos no capítulo anterior.

$$\frac{\partial E_x}{\partial t} = -\frac{1}{\varepsilon_0}\frac{\partial H_y}{\partial z} \quad (3.1)$$

$$\frac{\partial H_y}{\partial t} = -\frac{1}{\mu_0}\frac{\partial E_x}{\partial z} \quad (3.2)$$

Uma onda plana com o campo elétrico orientado na direção x e o campo magnético orientado na direção y e que se desloca na direção z é descrita por estas equações. Vamos utilizar as aproximações de diferença central para as derivadas temporais e espaciais Aprovadas pelo método FDTD, as equações anteriores passam a ser as seguintes

$$\frac{E_x^{n+1/2}(k) - E_x^{n-1/2}(k)}{\Delta t} = -\frac{1}{\varepsilon_0}\frac{H_y^n(k+1/2) - H_y^n(k-1/2)}{\Delta z} \quad (3.3)$$

$$\frac{H_y^{n+1}(k+1/2) - H_y^n(k+1/2)}{\Delta t} = -\frac{1}{\mu_0}\frac{E_x^{n+1/2}(k+1) - E_x^{n+1/2}(k)}{\Delta z} \quad (3.4)$$

Nestas duas equações, n é o índice de tempo e k é o índice espacial. O índice de tempo é escrito como um sobrescrito e o índice espacial está entre parênteses, Tempos t=nΔt e distâncias z=kΔz , O termo n + 1 significa um passo de tempo mais tarde.Δt &Δz representam incrementos de passo no tempo e na distância.

Equações (3.3) e (3.4) Assume-se que os campos E e H estão espacialmente e temporalmente interligados. Na direção espacial, H emprega os parâmetros k+1/2 e k-1/2 para indicar que os valores do campo H estão posicionados entre os valores do campo E que usam o argumento k. Da mesma forma, o sobrescrito n + 1/2 ou n-1/2 na direção temporal indica que acontece ligeiramente depois ou antes de n, respetivamente. Na prática, isso significa que, para aproximar as equações de Maxwell no espaço e no tempo na formulação FDTD e calcular Hy(k+1/2), é necessário o valor vizinho de Ex em k & k+1. Do mesmo modo, para calcular Ex(k+1), são necessários os valores de Hy em k+1/2 e k+1 1/2. A figura abaixo mostra o processo esquematicamente

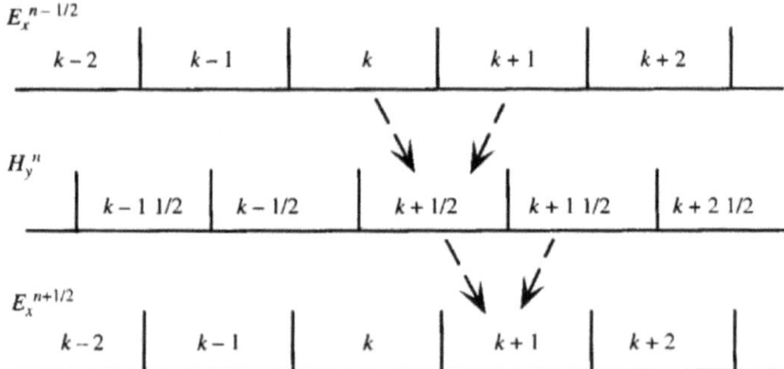

Os campos E e H estão relacionados entre si através da impedância do material em que se encontram.

$$|\vec{E}| \cong \eta|\vec{H}| \tag{3.5}$$

$$\eta = \eta_o\sqrt{\frac{\mu_r}{\varepsilon_r}} = \sqrt{\frac{\mu_o\mu_r}{\varepsilon_o\varepsilon_r}} \tag{3.6}$$

Por isso, são aproximadamente diferentes em várias ordens de grandeza, o que causará erros numéricos na nossa simulação, e é sempre boa prática normalizar os nossos parâmetros para que os campos E e H sejam todos da mesma ordem de grandeza e o erro de arredondamento seja minimizado.

$$\tilde{E}_x = \sqrt{\frac{\varepsilon_o}{\mu_o}} E_x \tag{3.7}$$

$$|\tilde{E}_x| \cong |\vec{H}| \tag{3.8}$$

Esta equação faz com que as amplitudes dos campos E e H sejam comparáveis entre si, o que permite a exatidão da simulação. Substituindo esta equação nas equações (3.3) e (3.4) obtém-se

$$\tilde{E}_x^{n+1/2}(k) = \tilde{E}_x^{n-1/2}(k) - \frac{1}{\sqrt{\varepsilon_o \mu_o}} \frac{\Delta t}{\Delta z} \left[H_y^n(k + 1/2) - H_y^n(k - 1/2)\right] \tag{3.9}$$

$$H_y^{n+1}(k + 1/2) = H_y^n(k + 1/2) - \frac{1}{\sqrt{\varepsilon_o \mu_o}} \frac{\Delta t}{\Delta z} \left[\tilde{E}_x^{n+1/2}(k + 1) - \tilde{E}_x^{n+1/2}(k)\right] \tag{3.10}$$

Estas equações são utilizadas mais do que uma vez num círculo para modelar as quantidades de campo em cada posição em todos os espaços, à medida que o tempo avança.

3.3 Condição de estabilidade de Courant

No espaço livre, uma perturbação electromagnética percorrerá uma distância de um passo de tempoΔt , e a distância numérica percorrida num passo de tempoΔz . distância física percorrida num passo de tempo dada pela relação

$$\Delta z = \frac{c_o \, \Delta t}{n} \tag{3.11}$$

Onde c_o é a velocidade da luz no vácuo, e n aqui significa índice de reflexão, que é igual a um no vácuo. c_o\n é igual à velocidade.

O incremento de tempoΔt em FDTD é limitado pelo requisito de estabilidade conhecido como condição de Courant Friedrichs-Lewy (CFL), o que coloca um limite superior no passo de tempo.

$$\Delta t \leq \frac{1}{c_o \sqrt{\frac{1}{(\Delta z)^2}}} \tag{3.12}$$

Para 3D

$$\Delta t \leq \frac{1}{c_o \sqrt{\frac{1}{(\Delta x)^2 + (\Delta y)^2 + (\Delta z)^2}}} \tag{3.13}$$

Numa grelha cúbica

$$\Delta t \leq \frac{1}{c_o \sqrt{3}} \qquad (\Delta x = \Delta y = \Delta z = \Delta) \tag{3.14}$$

Em geral

$$\Delta t \leq \frac{\Delta z}{c_o \sqrt{n}} \tag{3.15}$$

n é o número de dimensões consideradas no problema.

Para meios dieléctricos lineares, isotrópicos, não dispersivos e homogéneos com permissividade ε e permeabilidade μ, o incremento de tempoΔt tem de obedecer à condição de estabilidade em que ,$\Delta t \leq 1\Delta t$ pode ser menor, mas não pode ser maior. O passo de tempo conveniente que satisfaz o requisito de estabilidade para 1D, 2D e 3D

$$\Delta t = \frac{\Delta}{2c_o} = \frac{0.5\Delta}{c_o} \tag{3.16}$$

no nosso caso,Δt será determinado pela equação anterior que atinge a condição de estabilidade de Courant. Portanto,

$$\frac{1}{\sqrt{\varepsilon_o \mu_o}} \frac{\Delta t}{\Delta z} = c_o \frac{.5\Delta z / c_o}{\Delta z} = 0.5 \tag{3.16}$$

Reescrevendo a equação (3.9) e a Eq. (3.10), obtemos

$$\tilde{E}_x^{n+1/2}(k) = \tilde{E}_x^{n-1/2}(k) - 0.5\left[H_y^n(k + 1/2) - H_y^n(k - 1/2)\right] \tag{3.17}$$

$$H_y^{n+1}(k + {}^1/_2) = H_y^n(k + {}^1/_2) - 0.5\left[\widetilde{E}_x^{n+{}^1/_2}(k+1) - \widetilde{E}_x^{n+{}^1/_2}(k)\right] \quad (3.18)$$

as equações do código informático são as seguintes

$$ex(k) = ex(k) + 0.5[hy(k-1) - hy(k)] \quad (3.19)$$

$$hy(k) = hy(k) + 0.5[ex(k) - ex(k+1)] \quad (3.20)$$

Observamos que o índice de tempo (n, n + 1/2, n -1/2) dentro dos sobrescritos não aparece. O 'ex' no lado rt do sinal de igual da equação (1) é o valor anterior em n - 1/2, e o ex na parte lt é o novo valor n + 1/2, que estará a ser calculado.

Na condição de hy na condição do índice locativo (k+1/2,k-1/2) são trocados por (k,k-1) respetivamente, que especificam uma posição inteira numa matriz. Mesmo assim, é evidente a partir da derivação, que o valor armazenado em hy(k) é o valor do campo magnético na posição k +1/2.

Neste trabalho, refinamos as equações da curvatura de Maxwell dependentes do tempo num meio dielétrico com perdas, como o tecido cardíaco

Mais uma vez, começaremos com as equações da curvatura de Max dependentes do tempo, mas aqui será num meio dielétrico com perdas. A partir das equações (2.25) e (2.26), expandimos as componentes vectoriais em três dimensões, como fizemos no capítulo anterior. Neste modelo unidimensional, assume-se que apenas existem as componentes Ex e Hy, pelo que a expansão das equações se reduz a apenas duas equações. As equações (2.28) e (2.30) passam a ter a seguinte forma

$$\frac{\partial E_X}{\partial t} = -\frac{1}{\varepsilon_0 \varepsilon_r}\frac{\partial H_y}{\partial z} - \frac{1}{\varepsilon_0 \varepsilon_r}\sigma E_X \quad (3.21)$$

$$\frac{\partial H_z}{\partial t} = -\frac{1}{\mu_0}\frac{\partial E_y}{\partial x} \quad (3.22)$$

As constantes ε_0 & μ_0 são a permissividade e a permeabilidade do espaço livre, e ε_r & μ_r são a permissividade e a permeabilidade proporcional do material, e ε & μ são a permissividade e a permeabilidade proporcional de um meio isolante com perdas.:

$$\frac{E_x^{n+1/2}(k) - E_x^{n-1/2}(k)}{\Delta t} = -\frac{1}{\varepsilon_0 \varepsilon_r}\left[\frac{H_y^n(k+1/2) - H_y^n(k-1/2)}{\Delta z}\right] - \frac{\sigma}{\varepsilon_0 \varepsilon_r}\left[\frac{E_x^{n+1/2}(k) + E_x^{n-1/2}(k)}{2}\right] \quad (3.23)$$

$$\frac{H_y^{n+1}(k+1/2) - H_y^n(k+1/2)}{\Delta t} = -\frac{1}{\mu_0}\left(\frac{E_x^{n+1/2}(k+1) - E_x^{n+1/2}(k)}{\Delta z}\right) \quad (3.24)$$

Reorganização

$$E_x^{n+1/2}(k) = \frac{\left(1 - \frac{\sigma \Delta t}{2\varepsilon_0 \varepsilon_r}\right)}{\left(1 + \frac{\sigma \Delta t}{2\varepsilon_0 \varepsilon_r}\right)} E_x^{n-1/2}(k) - \frac{2\Delta t}{2\varepsilon_0 \varepsilon_r + \sigma \Delta t}\left[\frac{H_y^n(k+1/2) - H_y^n(k-1/2)}{\Delta z}\right] \quad (3.25)$$

$$H_y^{n+1}(k+1/2) = H_y^n(k+1/2) - \frac{1}{\mu_0}\frac{\Delta t}{\Delta z}\left[E_x^{n+1/2}(k+1) - E_x^{n+1/2}(k)\right] \quad (3.26)$$

Ao trabalhar na simulação das equações de um meio dielétrico com perdas, nota-se que os valores de Ex na equação rt no passo de tempo não são supostamente armazenados na memória do computador. Por isso, ao fazer as aproximações por diferenças centrais, e para resolver este problema recorremos à aproximação semi-implícita, onde os valores de Ex no passo de tempo são supostamente o meio matemático entre os valores armazenados de Ex no passo de tempo n-1/2 e os novos valores de Ex a serem calculados no passo de tempo n+1/2 .

Para contornar problemas computacionais devido às amplitudes muito diferentes de E e H, utilizamos o ajuste do campo E:

$$\widetilde{E}_x = \sqrt{\frac{\varepsilon_o}{\mu_o}} E_x \tag{3.27}$$

Substituindo isto nas equações (4.9) e (4.11), obtém-se

$$\widetilde{E}_x^{n+1/2}(k) = \frac{\left(1 - \frac{\sigma \Delta t}{2\varepsilon_0 \varepsilon_r}\right)}{\left(1 + \frac{\sigma \Delta t}{2\varepsilon_0 \varepsilon_r}\right)} \widetilde{E}_x^{n-1/2}(k) - \sqrt{\frac{\varepsilon_o}{\mu_o}} \times \frac{2\Delta t}{2\varepsilon_0 \varepsilon_r + \sigma \Delta t} \left[\frac{H_y^n(k + 1/2) - H_y^n(k - 1/2)}{\Delta z}\right] \tag{3.28}$$

$$H_y^{n+1}(k + 1/2) = H_y^n(k + 1/2) - \sqrt{\frac{\mu_0}{\varepsilon_o}} \times \frac{1}{\mu_0} \frac{\Delta t}{\Delta z} \left[\widetilde{E}_x^{n+1/2}(k + 1) - \widetilde{E}_x^{n+1/2}(k)\right] \tag{3.29}$$

Da secção anterior

$$\frac{1}{\sqrt{\varepsilon_o \mu_o}} \frac{\Delta t}{\Delta z} = c_\circ \frac{.5\Delta z / c_\circ}{\Delta z} = 0.5 \tag{3.30}$$

Substituindo as equações anteriores e reorganizando-as, obtém-se

$$\widetilde{E}_x^{n+1/2}(k) = \frac{\left(1 - \frac{\sigma \Delta t}{2\varepsilon_0 \varepsilon_r}\right)}{\left(1 + \frac{\sigma \Delta t}{2\varepsilon_0 \varepsilon_r}\right)} \widetilde{E}_x^{n-1/2}(k) - \frac{0.5}{\varepsilon_r \left(1 + \frac{\sigma \Delta t}{2\varepsilon_0 \varepsilon_r}\right)} \left[H_y^n(k + 1/2) - H_y^n(k - 1/2)\right] \tag{3.31}$$

$$H_y^{n+1}(k + 1/2) = H_y^n(k + 1/2) - 0.5 \left[\widetilde{E}_x^{n+1/2}(k + 1) - \widetilde{E}_x^{n+1/2}(k)\right] \tag{3.32}$$

3.4 Densidade de potência

A energia é transmitida da fonte para outros objectos quando uma onda electromagnética se desloca através do meio. A intensidade dos componentes do campo eletromagnético determina o ritmo da transmissão de energia. A resultante da intensidade do campo elétrico (E) vezes a intensidade do campo magnético (H) é a densidade de potência, que é definida como a taxa de transferência de energia por unidade de área. (K. Y. J. J. o. E. A. Elwasife & Applications, 2011; Stewart, 2007) .

O vetor de Poynting imediato e a densidade de potência dependente do tempo da onda electromagnética Para campos variáveis no tempo, a densidade de fluxo de potência dependente do tempo é dada por

$$P(t) = E(t) \times H(t) \tag{3.33}$$

$$\langle P(t) \rangle = \frac{1}{T}\int_0^T E(t) \times H(t)\, dt \tag{3.34}$$

Onde:

$P(t)$: A densidade de potência dependente do tempo

$E(t)$: A intensidade do campo E dependente do tempo em volts por metro

$H(t)$: A intensidade do campo M dependente do tempo em amperes por metro

T: O período de tempo da onda EM

3.5 Taxa de absorção específica

A taxa de absorção de energia de radiofrequência (RF) pelo corpo humano a partir da fonte é medida como taxa de absorção específica (SAR). Também se refere à absorção de qualquer outro tipo de energia pelos tecidos, como a ultra-sónica. Também conhecida como a taxa de potência absorvida por massa de tecido biológico, é medida em watts por quilograma (W/kg). Os valores SAR são uma ferramenta útil para determinar a quantidade máxima de energia de radiofrequência que pode ser emitida por cada modelo de telemóvel. (Jin, 2018; Sun & Hynynen, 1998) . A SAR em qualquer ponto do tecido biológico é calculada determinando, através de medições ou simulações, o campo elétrico no interior do tecido e utilizando a seguinte

$$SAR = \frac{\sigma}{2\rho}|E|^2 \tag{3.35}$$

Onde:

σ: A condutividade eléctrica do tecido biológico

ρ: A densidade do tecido biológico

$|E|^2$: O valor quadrático do campo elétrico no interior do tecido biológico

As propriedades dieléctricas dos tecidos mudam com a alteração da radiofrequência. Os valores de SAR aumentam normalmente com o aumento da condutividade dos tecidos biológicos e diminuem com o aumento da permissividade relativa dos tecidos biológicos (L. Xu, Meng, & Hu, 2009) .

3.6 Resultados e discussão

Um método unidimensional de diferenças finitas é usado para resolver as equações de Maxwell no tecido cardíaco. O modelo de coração é sujeito a radiação electromagnética que tem propriedades dieléctricas de acordo com a frequência. Este trabalho tem como objetivo avaliar o efeito de campos electromagnéticos produzidos a partir de radiação electromagnética a 900 MHz, 1800 MHz e 2400 MHz em tecidos biológicos em camadas (modelo de coração) através do método FDTD. Estudaremos o campo elétrico, o campo magnético, a taxa de absorção específica (SAR) e a densidade de potência em tecidos biológicos estratificados nas mesmas frequências acima referidas.

A frequência é escolhida e o programa de operação, o atributo dielétrico foi calculado. Concorrendo com a frequência num programa privado, estão a condutividade, a permissividade relativa, o comprimento de onda e a profundidade de infiltração.

A fonte de radiação simulada é uma forma de onda sinusoidal persistente, com os programas Matlab a actuarem como dipolos dirigidos. Esta onda viaja no espaço livre e atinge o tecido cardíaco humano. Quando uma onda sinusoidal atinge a interface, reflecte uma divisão da onda que se aproxima e transmite uma divisão para as camadas do tecido cardíaco.

As amplitudes das ondas sinusoidais reflectidas e transmitidas, relativamente à onda de ocorrência, são representadas pelo coeficiente de reflexão e pelo coeficiente de transmissão, que se relacionam com as amplitudes da onda do campo elétrico. O campo E, o campo M, a taxa de absorção específica (SAR) e a densidade de potência são simulados ao longo da linha X =Y = 0, ou seja, a propagação ao longo do eixo z durante o espaço livre e a camada de tecido cardíaco

As figuras seguintes mostram a simulação do impulso eletromagnético que irradia de uma fonte localizada no espaço livre e que depois atinge a interface do modelo de tecido cardíaco no plano XY, e 300 iterações, a uma frequência igual a 900 MHz, 1800 MHz e 2400 MHz, respetivamente. Estes gráficos ilustram o intervalo de 0 a 30 representa o espaço livre, a forma de onda é uma onda sinusoidal ou uma onda contínua, que pode ser definida como curvas que descrevem uma oscilação suave e repetitiva (Ho & Fatahi, 2016) . Após um passo de tempo de 30, a onda entra no tecido cardíaco humano, que tem propriedades dieléctricas que mudam com a frequência. Quando o impulso eletromagnético atinge o tecido cardíaco a uma frequência de 900 MHz, este tem propriedades dieléctricas como Condutividade = 1,2298, Permissividade relativa = 59,893 e Profundidade de penetração = 0,034074. A onda propaga-se no tecido, a absorção começa em 30 e depois diminui até ao fim. A absorção mais elevada do campo elétrico ocorre no início do tecido a cerca de 31, depois diminui a cerca de 32 e volta a ser elevada em cerca de 35, e depois a onda desaparece gradualmente. Quando a onda tem uma frequência de 1800 MHzh, as propriedades dieléctricas são alteradas da seguinte forma: Condutividade = 1,7712, Permissividade relativa = 56,323 e Profundidade de penetração = 0,022763. É evidente que a absorção mais elevada da onda ocorre a 30, depois diminui a cerca de 31 e, em seguida, a onda é amortecida. E quando a frequência é igual a 2400MHz, é apresentado um pequeno pico no início do tecido, depois o comprimento do impulso é mais curto até a onda decair por volta dos 33. É evidente que o campo elétrico tem um valor elevado quando se atinge o tecido a 900 MHz, em comparação com as frequências de 1800 MHz e 2400 MHz no modelo de tecido cardíaco, como se pode ver nas figuras abaixo.

Além disso, temos a relação entre o campo magnético na dimensão y e o passo de tempo na dimensão x, onde a simulação do campo magnético no modelo de tecido cardíaco após a distância 30 em diferentes frequências é mostrada respetivamente. Na frequência de 900MHz, o intervalo de 0 a 30 representa o espaço livre, e quando a onda atinge o tecido cardíaco é turbulenta e de amplitude variável entre 30 a 45 nos passos de tempo, em seguida, a amplitude diminui até chegar a zero. A 1800MHz, a turbulência aparece cerca de 30 a 38 antes da onda desaparecer, e temos um pico bastante grande a 30. Enquanto que na frequência de 2400MHz, temos cerca de 31 um pequeno pico comparado com o anterior, depois a onda vai-se desvanecendo gradualmente até chegar a zero. o pico máximo do campo magnético é em f=900MHz como é evidente.

As figuras seguintes mostram a relação entre a densidade de potência e os passos de tempo após 30 passos de tempo, mas não a mostram no espaço livre de 0 a 30. Isto deve-se ao facto de termos escolhido uma escala adequada para que as figuras sejam claras. Normalmente, a densidade de potência é zero no espaço livre e aumenta no tecido (Jami & Abdallah, 2017).

As figuras ilustram que a densidade de potência está a aumentar para um máximo em O início da onda que entra no tecido é igual a 0,49 W e depois diminui e depois aumenta para 0,10 W, e depois diminui novamente e aumenta para 0,02 W, e finalmente chega a zero após 35 passos de tempo, e quando a onda entra na frequência 1800MHz, muda quando entra no tecido, e depois a potência diminui para chegar a zero após 32 passos de tempo. As ondas com frequência de 2400MHz, mostram que o efeito está no início do tecido e depois diminui até atingir zero após 31 passos de tempo.

mostra a taxa (SAR) a 300 iterações no tecido cardíaco para as frequências de 900 MHz, 1800 MHz e 2400 MHz, respetivamente, a relação entre a SAR na dimensão y e o passo de tempo na dimensão x. A onda oscila irregularmente entre picos e vales até atingir 35 passos de tempo e, finalmente, diminui de volta ao início A distorção da onda foi claramente visível nas curvas que utilizam 900 MHz, enquanto a onda decai a uma determinada frequência de 1800 MHz. Os valores de pico que são mais elevados e mostrados em 0,015 W/Kg, depois diminuem gradualmente até chegarem a zero. As figuras mostram que a SAR para as frequências de 2400MHz, as ondas estão a diminuir depois de atingir o pico máximo em 31 passos de tempo, o que é pouco comparado com a frequência de 1800MHz em que a onda diminuiu em 32 passos de tempo.

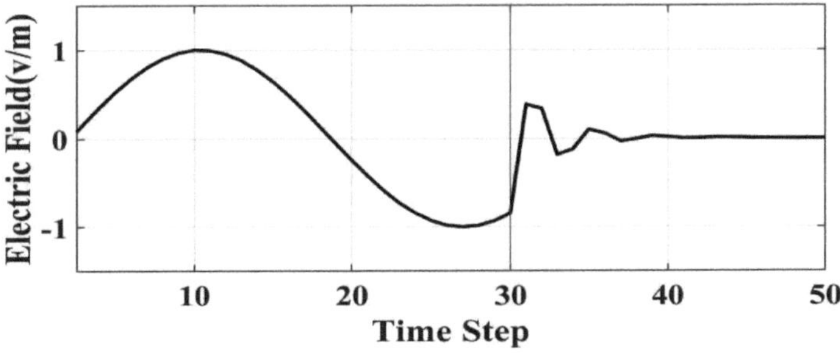

Figura (3.2): SIM do campo E a 300 repetições no tecido cardíaco para distância de 30 cm a f= 900 MHZ.

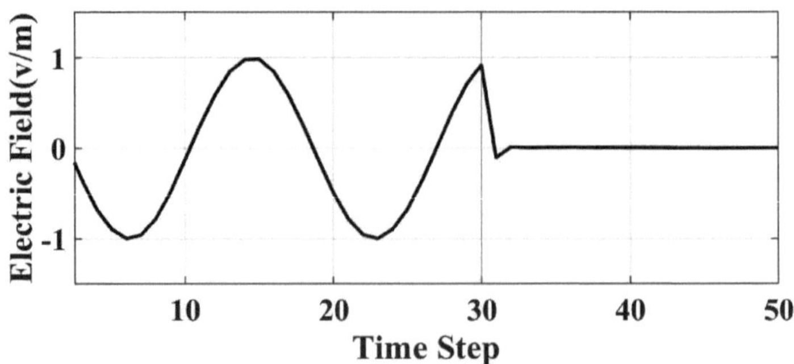

Figura (3.3): SIM do campo E a 300 repetições no tecido cardíaco para DIST 30 cm a f= 1800 MHZ.

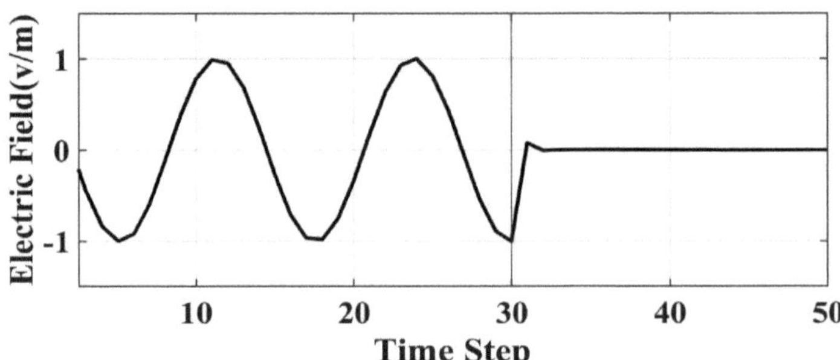

Figura (3.4): SIM do campo E a 300 repetições no tecido cardíaco para DIST 30 cm a f= 2400 MHZ.

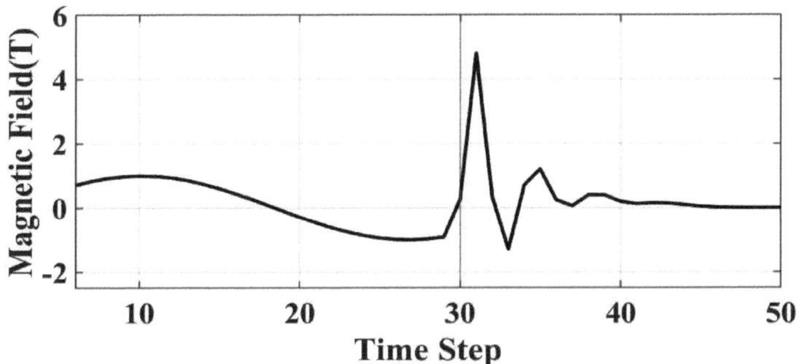

Figura (3.5): SIM do campo magnético a 300 repetições no tecido cardíaco para DIST 30 cm a f= 900 MHZ .

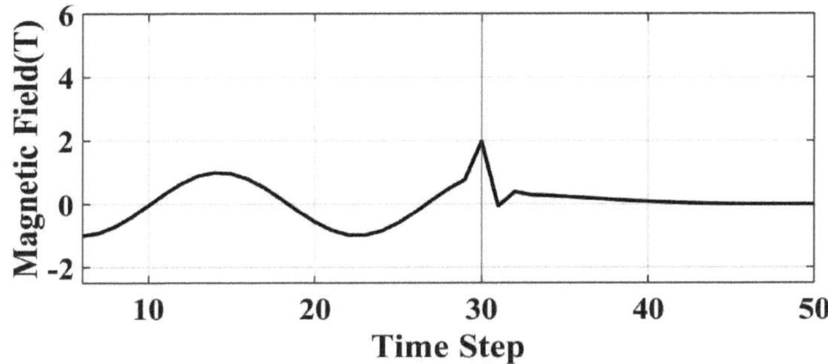

Figura (3.6): SIM do campo magnético a 300 repetições no tecido cardíaco para DIST 30 cm a f= 1800 MHZ.

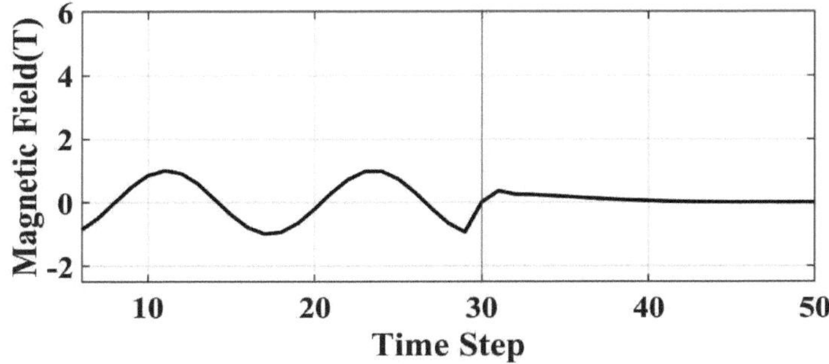

Figura (3.7): SIM do campo magnético a 300 repetições no tecido cardíaco para DIST 30 cm a f= 2400 MHZ.

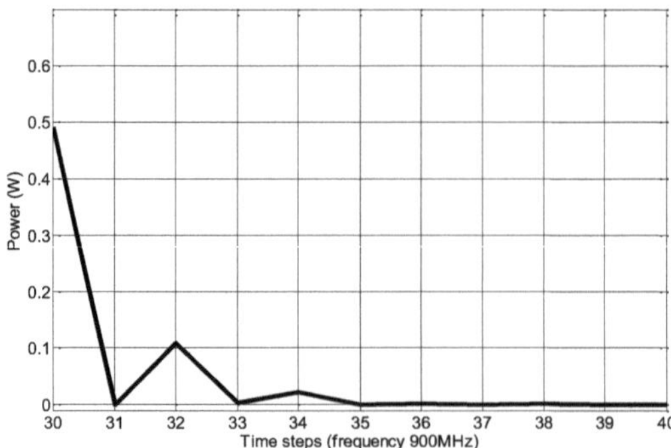

Figura (3.8): SIM da densidade de potência a 300 repetições no tecido cardíaco para DIST 30 cm a f= 900 MHz.

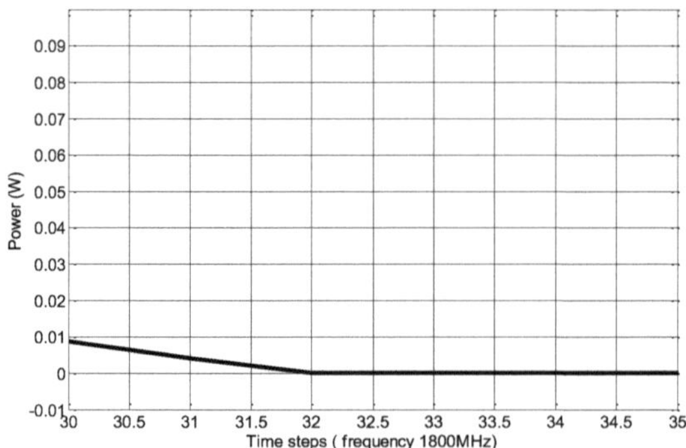

Figura (3.9): SIM da densidade de potência a 300 repetições no tecido cardíaco para DIST 30 cm a f= 1800 MHz.

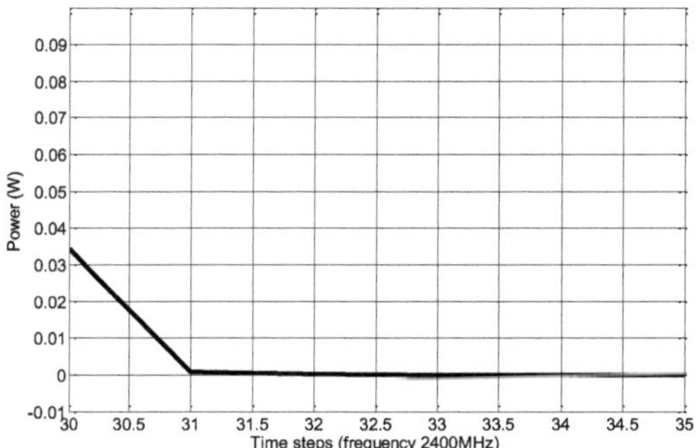

Figura (3.10): SIM de P.D a 300 repetições em tecido cardíaco para DIST 30 cm a f= 900 MHz.

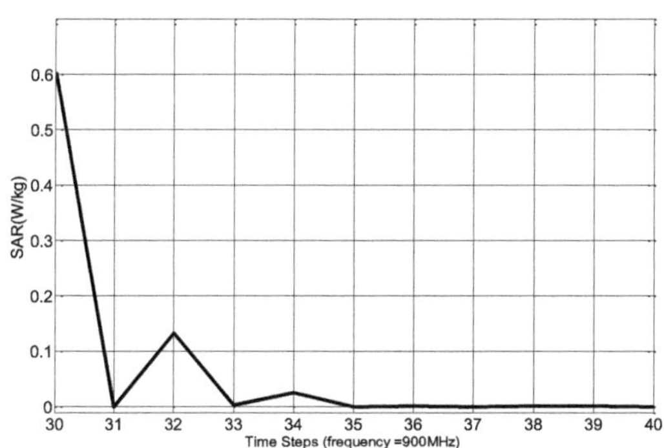

Figura (3.11): SIM de (SAR) a 300 repetições em tecido cardíaco para DIST 30 cm a f= 900 MHz.

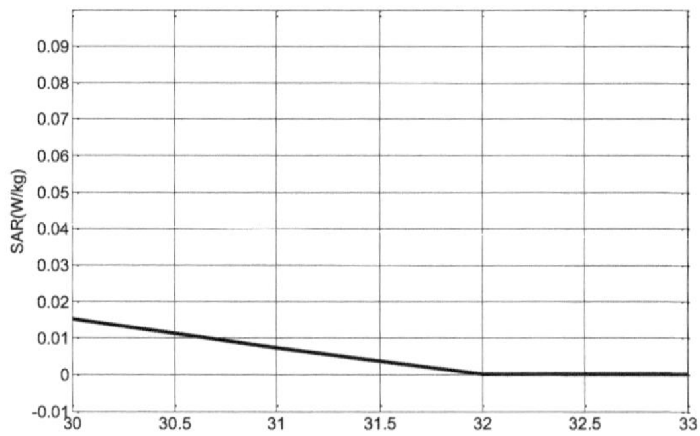

Figura (3.12): SIM de (SAR) a 300 repetições em tecido cardíaco para DIST 30 cm a f= 1800 MHz.

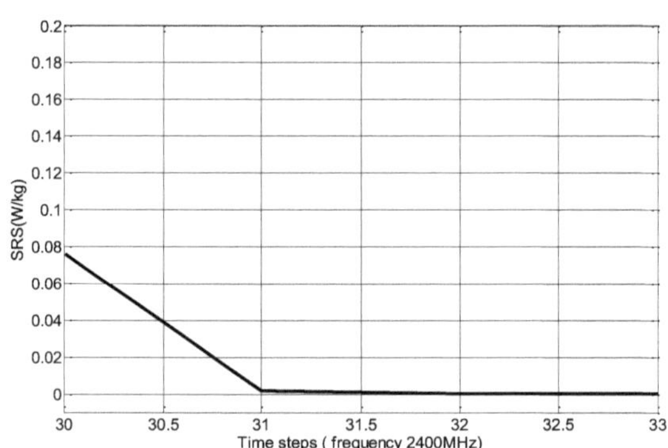

Figura (3.13): SIM de (SAR) a 300 repetições em tecido cardíaco para DIST 30 cm a f= 2400 MHz.

Capítulo 4
Efeito térmico da EMR em tecido cardíaco humano

Capítulo 4

Efeito térmico da EMR no tecido cardíaco humano

4.1 Introdução

Os impactos das caraterísticas físicas térmicas na temperatura de transmissão do tecido biológico foram previstos através do cálculo numérico da equação de transferência de calor biológica transiente e das equações de Maxwell, utilizando o método das diferenças finitas. Este prognóstico do aumento de temperatura em corpos biológicos pode ser empregue em procedimentos médicos como uma ferramenta útil para diagnósticos térmicos.

Muitos fisiologistas, médicos e engenheiros manifestaram interesse na modelação matemática da complicada interação térmica entre a vasculatura e o tecido. Harry H. Pennes, um investigador da Faculdade de Médicos e Cirurgiões da Universidade de Columbia, produziu a primeira relação quantitativa que caracterizava a transferência de calor em tecidos humanos numa base contínua, que incluía os efeitos do influxo de sangue no calor dos tecidos. (Charny, 1992) .

Os campos de temperatura rodeiam todos os corpos biológicos. que dependem do seu meio envolvente; isto é, os órgãos e tecidos não têm temperaturas consistentes. mesmo dentro de um único organismo. A não uniformidade dos campos de temperatura provoca a transferência de energia entre os tecidos através do sangue perfundido. (F. Xu, Lu, Seffen, & Ng, 2009) . Muitas variáveis influenciam o calor do corpo de um ser humano, incluindo as condições ambientais, a temperatura média que envolve os tecidos, o metabolismo muscular e a circulação sanguínea (Hristov, 2019) . Nos tecidos biológicos, os espaços vazios separam as células dispersas. O sangue entra nesses tecidos pelas veias e artérias e viaja através dos capilares sanguíneos até às células dos tecidos. O sangue capilar regressa ao coração através das veias, onde se acumula antes de ser empurrado de volta para o coração. A condução térmica, a perfusão sanguínea e o calor obstétrico contribuem para a transmissão de energia nos tecidos (Pennes ., 1948)

A transmissão de calor em tecidos vivos é um processo complexo e a modelação aritmética deve ser simplificada para permitir a utilização dos seus métodos (Hildebrand, Goslow, & Hildebrand, 1995) . Os procedimentos de transmissão de calor em aplicações médicas, como a criocirurgia, o laser térmico, a radiofrequência e as ressecções térmicas, as ablações, os ultra-sons, etc., necessitam não só de dados empíricos, mas também de uma compreensão profunda dos mecanismos fundamentais de transporte de calor e de uma modelização matemática adequada. (Petrofsky et al., 2006) .

4.2 Equação do bioheat.

Durante quase um século, os cientistas examinaram o impacto do fluxo sanguíneo na transmissão de calor em tecidos vivos, começando com as experiências de Bernard em 1876 (Charny, 1992; Hartnett, Irvine, & Cho, 1992) . A equação do bio-calor proposta por Pennes, que é considerada como um dos modelos para a transferência de energia nos tecidos, é frequentemente utilizada para expressar o transporte de energia num sistema biológico. A equação do bio-calor desenvolvida por Pennes é o modelo térmico mais amplamente utilizado para compreender o transporte de calor em sistemas biológicos sujeitos a ondas electromagnéticas. (Pennes, 1948; H. Wang, Burgei, & Zhou, 2020) .

O "princípio de Fick", como Pennes o designou, rege o transporte de calor do sangue para o tecido. A taxa de transferência de massa entre o sangue e o tecido, de acordo com esta ideia, é igual à diferença entre os níveis de uma substância no sangue e no tecido multiplicada pela taxa de fluxo sanguíneo. Pennes considerou que a quantidade total de calor transmitida do sangue para os tecidos corresponde à diferença de temperatura entre o sangue arterial que entra no tecido e o sangue venoso que sai do tecido, ao utilizar este conceito para explicar a média do transporte de calor entre o sangue e os tecidos. (Charny, 1992)

$$Q_p = \omega_b \rho_b c_b (T_a - T_v) \tag{4.1}$$

Onde:

ω_b : taxa de perfusão sanguínea como uma taxa volumétrica por unidade de volume de tecido

ρ_b : a densidade do sangue.

c_b : o calor específico do sangue.

T_a : o sangue que entra no tecido através das artérias.

T_v : o fluxo de sangue venoso para fora do tecido.

Uma vez que a temperatura do sangue venoso é afetada pelo grau de equilíbrio térmico que experimenta com o tecido circundante, Pennes desenvolveu o parâmetro de equilíbrio térmicok' para calcular este impacto.

$$T_v = T_t + k'(T_a - T_t) \tag{4.2}$$

Quandok$' = 0$, ou seja, equilíbrio térmico completo, significa que a temperatura do sangue venoso que sai do tecido é$T_v = T_t$, enquanto que se $k' = 1$, o sangue venoso sai dos tecidos à mesma temperatura do sangue no interior das artérias$T_v = T_a$

T_a é constante em qualquer parte do tecido na derivação de Pennes nos temposT_b , ek' é próximo de zero em toda a parte, ou seja,$T_v = T_t$, como resultado, a familiar A frase "fonte de calor de perfusão de Pennes" refere-se a uma fonte de calor que é perfundida

$$Q_p = \omega_b\, \rho_b c_b (T_b - T_t) \qquad (4.3)$$

Onde:

T_b : é a temperatura do sangue

T_t : é a temperatura do tecido

A fonte de calor de perfusão na Equação (4.3) assume que o sangue entra nos vasos mais pequenos da microcirculação (fluxo sanguíneo através dos vasos mais pequenos do sistema circulatório, tais como arteríolas, vénulas, shunts e capilares) à temperatura T b, onde ocorre toda a transferência de calor entre o sangue e o tecido. Quando o sangue sai do capilar, completou o equilíbrio térmico com o tecido circundante e entra na circulação venosa a esta temperatura; espera-se que a temperatura do sangue venoso permaneça à temperatura do tecido. Não há troca de calor nesta área da microcirculação. Como resultado, a frase de perfusão de Pennes ignora todas as trocas de calor pré-capilares e pós-capilares entre o sangue e o tecido. Toda a troca de calor entre o sangue e o tecido ocorre nos canais maiores da microcirculação antes de o sangue arterial chegar aos capilares e, da mesma forma, pode ocorrer alguma troca de calor com o tecido circundante depois de o sangue sair do capilar:

$$\rho c_p \frac{\partial T_t}{\partial t} = k \frac{\partial^2 T_t}{\partial x^2} + \omega_b \rho_b c_b (T_b - T_t) + Q_m \qquad (4.4)$$

Considerando que:

ρ : densidade do tecido

c_p : calor específico do tecido

k : a condutividade térmica do tecido.

Q_m : a taxa constante de calor metabólico obstétrico nas camadas dos tecidos

A equação de Pennes tem sido utilizada numa série de estudos de investigação biológica e tem-se revelado muito útil. Foi utilizada uma técnica de simulação e a equação de Pennes para avaliar a distribuição da temperatura em estado estacionário no cérebro após um traumatismo craniano (Zhu, Diao, Engineering, & Computing, 2001) . Deng e Liu utilizaram a equação de Pennes para analisar a influência da perfusão sanguínea pulsátil na temperatura dos tecidos (Deng, Liu, & Applications, 2001) . As caraterísticas térmicas e as dimensões geométricas foram estudadas em relação às lesões por queimaduras da pele. (Jiang, Ma, Li, & Zhang, 2002) , Ng e Chua, por outro lado, propuseram uma diferenciação entre sistemas unidimensionais e bidimensionais para prever o estado das queimaduras cutâneas. (Ng & Chua, 2002) . Para imitar a propagação de ondas de calor em tecidos biológicos, foi utilizada a abordagem de elementos de fronteira de reciprocidade. (Lu, Liu, & Zeng, 1998) . O impacto do aquecimento por micro-ondas no estado térmico dos tecidos biológicos foi também investigado. (El-dabe et al., 2003) . Weinbaum e Jiji basearam-se na teoria de que, como as pequenas artérias e veias são paralelas e a direção do influxo é contracorrente, os efeitos de aquecimento e arrefecimento são equilibrados. O termo de perfusão sanguínea isotrópica na equação de Pennes é insignificante como resultado deste tipo de vascularização do tecido, o que também faz com que o tecido actue como um meio de transferência de calor anisotrópico. Como resultado, ao alterar os diâmetros e as orientações dos vasos, Weinbaum e Jiji substituíram a condutividade térmica na equação de Pennes por uma condutividade efectiva, que é proporcional à taxa de perfusão sanguínea. Eles também descobriram que em locais onde os vasos contracorrentes têm menos de 65-70 lm de diâmetro, a perfusão sanguínea isotrópica entre eles pode ter um efeito importante na transmissão de calor (Weinbaum & Jiji, 1985; Zhu & Bischof, 2019) . e nesta tese, O efeito da temperatura das ondas eletromagnéticas no tecido cardíaco será investigado.

4.3 Modelos matemáticos

O gráfico do modelo de tecido de 1 camada em 1 dimensão está indicado no seguinte

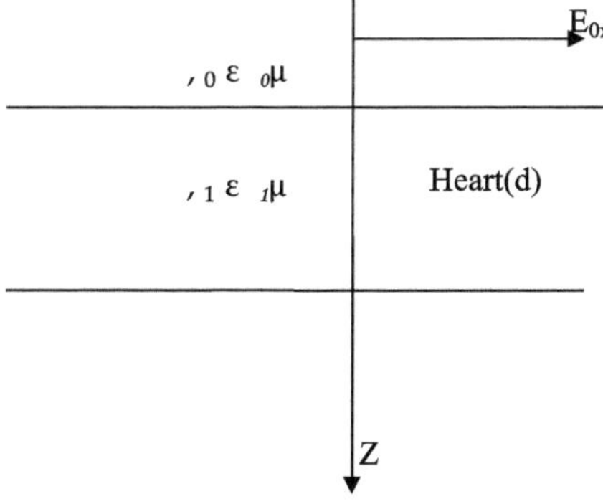

Figura (4.1): O esboço do modelo de tecido cardíaco unidimensional e de 1 camada

A temperatura, o campo E e o campo M são supostos, respetivamente, por , ,T = $T(z,t)E = (E(z,t),0,0)H = (0,H(z,t),0)$. Uma vez que o quadrado do módulo da intensidade do campo E está ligado às fontes de calor que emanam da radiação electromagnética, a Eq. de Max, juntamente com a Eq. do bio-calor, pode ser expressa como:

$$\frac{\partial H}{\partial z} + \frac{\partial E}{\partial t} + \sigma E = 0 \quad (4.5)$$

$$\frac{\partial E}{\partial z} + \mu \frac{\partial H}{\partial t} = 0 \quad (4.6)$$

$$\rho c_p \frac{\partial T_t}{\partial t} = \frac{\partial}{\partial z}\left(k \frac{\partial T_t}{\partial z}\right) + \omega_b \rho_b c_b (T_b - T_t) + Q_m(T_t)|E|^2 \quad (4.7)$$

A análise pressupõe que não existe resistência entre duas superfícies, as fontes de calor e o coração. Como resultado, a temperatura da superfície mantém-se constante durante a exposição. No interior da camada, assume-se que o tecido é homogéneo. A condutividade térmica e a capacidade térmica são consideradas constantes. O termo à esquerda da Eq. (4.7) O primeiro termo à direita é criado por um gradiente de temperatura, representa o armazenamento de energia no tecido, o segundo termo mostra a transmissão de calor entre o tecido e a perfusão sanguínea microcirculatória, e o termo E2 é a densidade de potência E preservada no tecido.

Para a solução de equações diferenciais parciais, os próximos limites e condições de partida eram desejados.

$$T(z,0) = \frac{T_C Z}{L} \qquad T(L,t) = T_C \qquad T(0,t) = 0 \quad (4.8)$$

$$E(z,0) = \frac{E_0 Z}{L} \qquad E(L,t) = E_0 \qquad E(0,t) = 0 \quad (4.9)$$

$$H(z,0) = \frac{H_0 Z}{L} \qquad H(L,t) = H_0 \qquad H(0,t) = 0 \quad (4.10)$$

Podemos presumir que o ponto de aquecimento do corpo tem a forma seguinte: $Q(T) = T^m$. considere a seguinte variável não-dimensional:

$$\lambda = \frac{L^2 T_b^{m-1} |E_0^2|}{v\rho c_p} \quad (4.11)$$

$$\lambda_1 = \frac{v\varepsilon E_0}{LH_0} \quad (4.12)$$

$$\lambda_2 = \frac{L\sigma E_0}{H_0} \quad (4.13)$$

$$\lambda_3 = \frac{v\mu H_0}{LE_0} \quad (4.14)$$

$$\rho_1 = \frac{\rho_b}{\rho} \qquad c_1 = \frac{c_b}{c_p} \qquad \omega_1 = \frac{\omega_b L^2}{v} \quad (4.15)$$

As equações dimensionais de Maxwell, & da energia podem ser formadas como :

$$\frac{\partial H}{\partial z} + \lambda_1 \frac{\partial E}{\partial t} + \lambda_2 E = 0 \quad (4.16)$$

$$\frac{\partial E}{\partial z} + \lambda_3 \frac{\partial H}{\partial t} = 0 \quad (4.17)$$

$$\frac{\partial T}{\partial t} = \frac{1}{\rho}\frac{\partial^2 T}{\partial z^2} + \omega_1 \rho_1 c_1 (1 - T) + \lambda |E|^2 T^m \quad (4.18)$$

Supomos que o campo E se amortece cada vez mais com o deslocamento

$$|E|^2 = E_0^2 e^{-kx} \quad (4.19)$$

Para uma determinada estabilidade E_0 & e k. Resolvemos a Eq. de Maxwell e resolvemos numericamente a equação de transmissão do bio-calor, assumindo que m=1.

4.4 Técnica numérica

Para resolver a Eq. de Maxwell, bem como a Eq. transiente de bioaquecimento, que explica o processo de aquecimento do coração induzido por fontes de calor elevadas aplicadas ao tecido cardíaco, é utilizada uma abordagem unidimensional de diferenças finitas no domínio do tempo. Como os passos espaciais e temporais são pequenos o suficiente para garantir que a temperatura transiente seja independente da malha, o grupo de Eq. parciais que diferem foi resolvido usando a técnica de diferenças finitas, produzindo a Eq. de diferenças abaixo: pliaed. $\frac{\partial E}{\partial t} = -\frac{1}{\lambda_1}\frac{\partial H}{\partial z} - \frac{\lambda_2}{\lambda_1} E$ (4.20)

$$\frac{E_x^{n+1/2}(k) - E_x^{n-1/2}(k)}{\Delta t}$$

$$= -\frac{1}{\lambda_1}\left[\frac{H_y^n(k + 1/2) - H_y^n(k - 1/2)}{\Delta z}\right]$$

$$-\frac{\lambda_2}{\lambda_1}\left[\frac{E_x^{n+1/2}(k) + E_x^{n-1/2}(k)}{2}\right] \quad (4.21)$$

$$E_x^{n+1/2}(k) = \frac{\left(1 - \frac{\lambda_2 \Delta t}{2\lambda_1}\right)}{\left(1 + \frac{\lambda_2 \Delta t}{2\lambda_1}\right)} E_x^{n-1/2}(k)$$

$$- \frac{\left(\frac{\Delta t}{\Delta z.\lambda_1}\right)}{\left(1 + \frac{\lambda_2 \Delta t}{2\lambda_1}\right)}\left[H_y^n(k + 1/2) - H_y^n(k - 1/2)\right] \quad (4.22)$$

Do mesmo modo, o campo magnético passa a ser

$$H_y^{n+1}(k) = H_y^{n-1/2}(k) + \frac{\Delta t}{\Delta z.\lambda_3}\left[E_x^n(k - 1/2) - E_x^n(k + 1/2)\right] \quad (4.23)$$

E a equação do bioaquecimento é resolvida como

$$T^{n+1/2}(k) = \frac{\frac{-\Delta t}{p\Delta z^2}}{1 - \frac{\omega_1 \rho_1 c_1}{2} + \frac{\lambda}{8}\left(E_x^{n+1/2}(k) - E_x^{n-1/2}(k)\right)}\left[T^n(k + 1/2) - 2T^n(k)\right.$$

$$\left. + T^n(k - 1/2)\right] - \omega_1 \rho_1 c_1$$

$$+ \left(\frac{\omega_1 \rho_1 c_1}{2}\right.$$

$$\left. - \frac{\lambda}{8}\left(E_x^{n+1/2}(k) - E_x^{n-1/2}(k)\right)\right) T^{n-1/2}(k) \quad (4.24)$$

4.5 Resultados e discussão

É apresentado um modelo de diferença finita transiente em camada unidimensional para a previsão de temperaturas em tecidos vivos, incluindo o tecido do coração, expostos ao aquecimento por radiação electromagnética. São estudados os impactos de numerosas variáveis no aumento da temperatura no tecido do corpo humano, tais como os valores do campo E, os valores do campo M, a espessura do tecido e a condutividade térmica do tecido, a transmissão de calor do tecido.

As figuras ilustram o efeito de três valores diferentes do campo E na frequência de 900MHz no espaço sobre a propagação da temperatura no tecido cardíaco. Utilizámos um parâmetro do sangue humano, como o calor específico igual a 3770, a densidade igual a 1060 e a taxa de perfusão sanguínea igual a 0,00125 (El-dabe et al., 2003) . Quanto ao tecido humano, temos o valor do calor específico igual a 3600 (Giering, Lamprecht, Minet, & Handke, 1995) , a densidade do tecido cardíaco igual a 1030, a condutividade térmica do tecido humano igual a 0,2, e a distância ao núcleo do corpo igual a 0,002 (K. Y. J. I. J. o. P. Elwasife, Sciences, & Technology, 2012) . Pode observar-se que quando E0 aumenta, a distribuição da temperatura aumenta. Observamos também que de 0 a 2 em passos espaciais diminuímos exponencialmente, de 2 a 4 temos um pequeno aumento, de 4 a 6 A temperatura mudou de 1,3 para 1,7, depois de 6 a 10, temos um aumento elevado. Quando mudámos a frequência para 1800MHz, não obtivemos uma mudança de temperatura em E0= 2, e E0= 3, enquanto que em E0=4 encontrámos um aumento notável na temperatura, e também quando mudámos a frequência para 2400MHz apenas tivemos uma ligeira mudança em E0=4 que foi quase impercetível. Também se mostra a relação entre o campo magnético no espaço livre H e a distribuição da temperatura. Verifica-se que a distribuição da temperatura aumenta ligeiramente à medida que H diminui. E verificamos que é de 0 a 2 em degraus no espaço que temos diminuição exponencial, de 2 a 6 temos um aumento pouco significativo enquanto que de 6 a 10 temos um aumento mais acentuado. Verificamos também que o aumento da temperatura nos degraus espaciais de 8 a 10 em H0=2 varia de 1,4 a 1,44 mas na figura seguinte que descreve a relação entre o campo magnético no espaço livre H e a distribuição da temperatura a 1800MHz verificamos que o aumento da temperatura nos degraus espaciais de 8 a 10 em H0=2 varia de 1,4 a 1,41 enquanto que na frequência de 2400MHz, a distribuição da temperatura é menor em comparação com a frequência de 1800MHz e 900MHz.

É apresentada a distribuição da temperatura em relação às coordenadas espaciais para diferentes espessuras de tecido L=(0,001, 0,002, 0,0002). Verificamos que a distribuição da temperatura diminui com o aumento da espessura do tecido. Observamos que os resultados são semelhantes para as diferentes frequências.

Os 3 números anteriores esclarecem o efeito de 3 valores diferentes de condutividade térmica do tecido cardíaco humano na temperatura de transição. Verifica-se que, à medida que a condutividade térmica do tecido cardíaco aumenta, a distribuição da temperatura diminui ligeiramente, embora não ocorra aqui qualquer alteração entre a relação da condutividade térmica e a distribuição da temperatura do tecido com a alteração da frequência de uma onda.

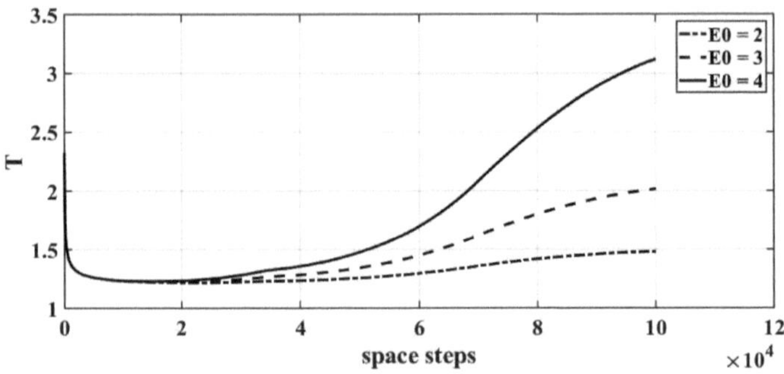

Figura(4.2): A relação entre Temp.& degraus espaciais com radiação para diferentes E.field (E0=2,3,4), onde **f=900MHZ**, cb= 3770, ρb= 1060, ωb=.00125, cp= 3600, ρp= 1030, k= 0.24, L=0.002, H0= 1.

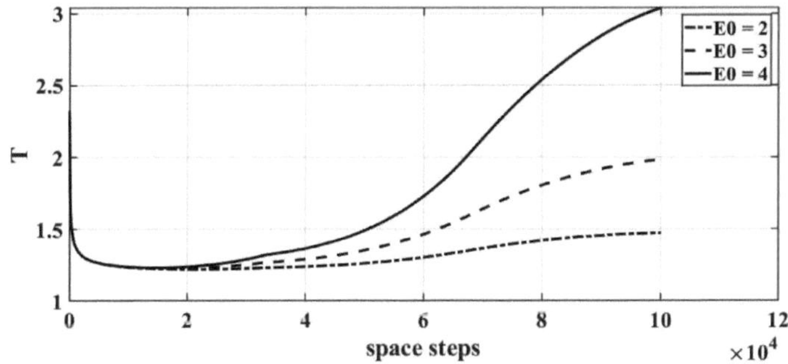

Figura(4.3): A relação entre Temp.& passos espaciais com radiação para diferentes E.field E0=2,3,4 , onde f=1800MHZ, cb= 3770, ρb= 1060, ωb=.00125, cp= 3600, ρp= 1030, k= 0.24, L=0.002, H0= 1.

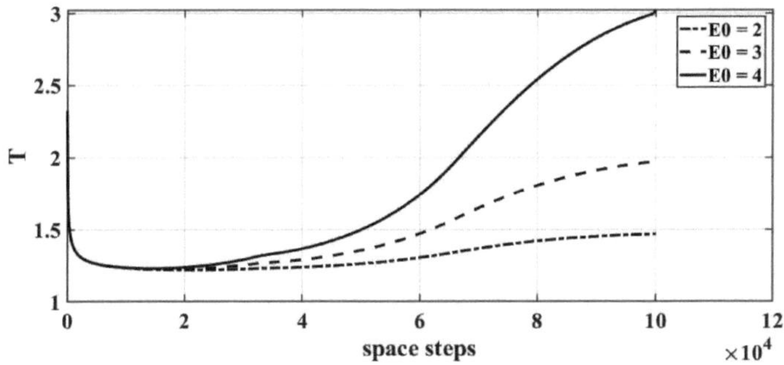

Figura (4.4): A relação entre Temp.& passos espaciais com radiação para diferentes E.field E0=2,3,4 , onde **f=2400MHZ,** cb= 3770, ρb= 1060, ωb=0.00125, cp= 3600, ρp= 1030, k= 0.24, L=0.002, H0= 1.

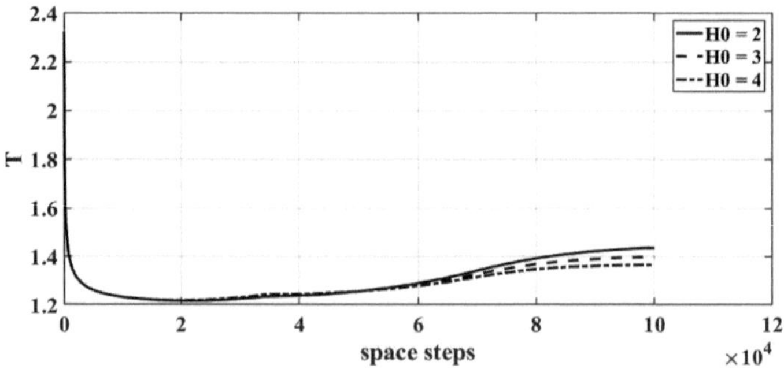

Figura(4.5): A relação entre Temp.& passos espaciais com radiação para diferentes valores do campo Mag.H0= 2,3,4 , onde f=900MHZ, cb= 3770, ρb= 1060, ωb=.00125, cp= 3600, ρp= 1030, k= 0.24, L=0.002, E0= 2.

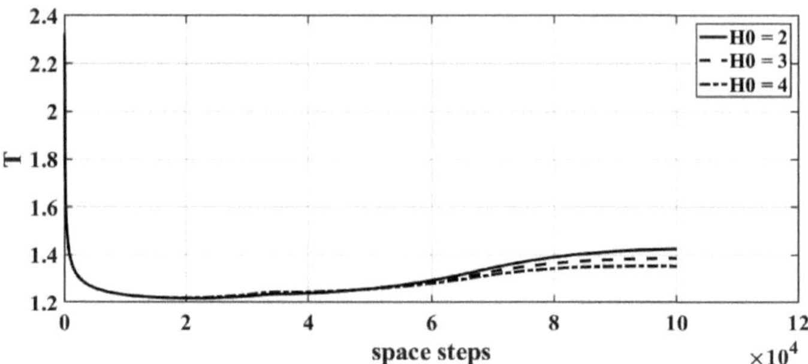

Figura (4.6): A relação entre Temp.& passos espaciais com radiação para diferentes valores do campo Mag.H0= 2,3,4 , onde f=1800MHZ, cb= 3770, ρb= 1060, ωb=.00125, cp= 3600, ρp= 1030, k= 0.24, L=0.002, E0= 2.

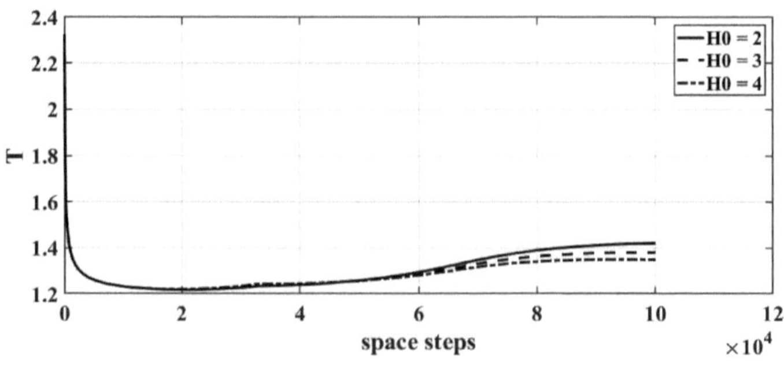

Figura(4.7): A relação entre Temp.& passos espaciais com radiação para diferentes valores do campo Mag.H0= 2,3,4 , onde **f=2400MHZ**, cb= 3770, ρb= 1060, ωb=0.00125, cp= 3600, ρp= 1030, k= 0.24, L=0.002, E0= 2.

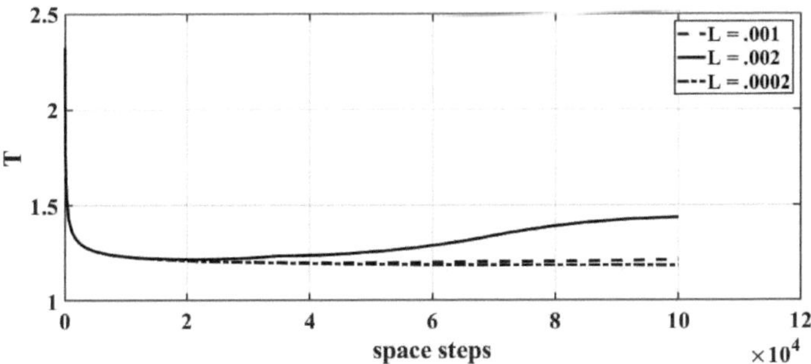

Figura (4.8): A relação entre Temp.& passos espaciais com a espessura de radiação do tecido L= 0.001, 0.002, 0.0002 , onde f=900MHZ, cb= 3770, ρb= 1060, ωb=0.00125, cp= 3600, ρp= 1030, k= 0.24, H0= 2, E0= 2.

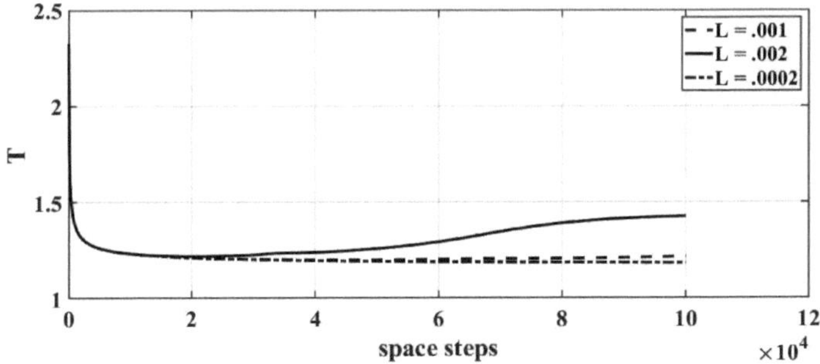

Figura (4.9): A relação entre Temp.& passos espaciais com radiação de diferentes espessuras de tecido L= 0.001, 0.002, 0.0002 , onde **f=1800MHZ**, cb= 3770, ρb= 1060, ωb=0.00125, cp= 3600, ρp= 1030, k= 0.24, H0= 2, E0= 2.

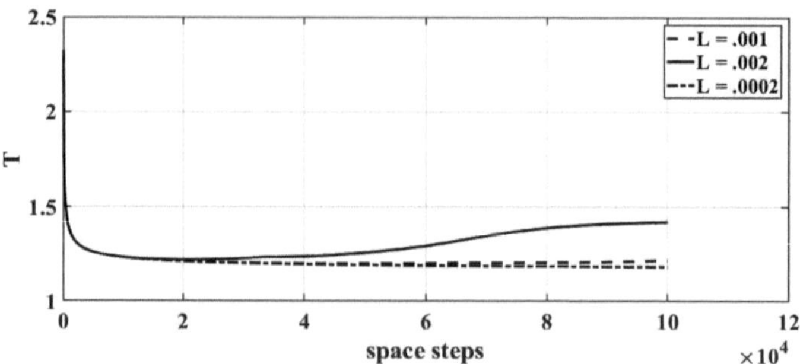

Figura(4.10): A relação entre Temp.& passos espaciais com radiação para a espessura do tecido L= 0.001, 0.002, 0.0002 , onde **f=2400MHZ**, cb= 3770, ρb= 1060, ωb=0.00125, cp= 3600, ρp= 1030, k= 0.24, H0= 2, E0= 2.

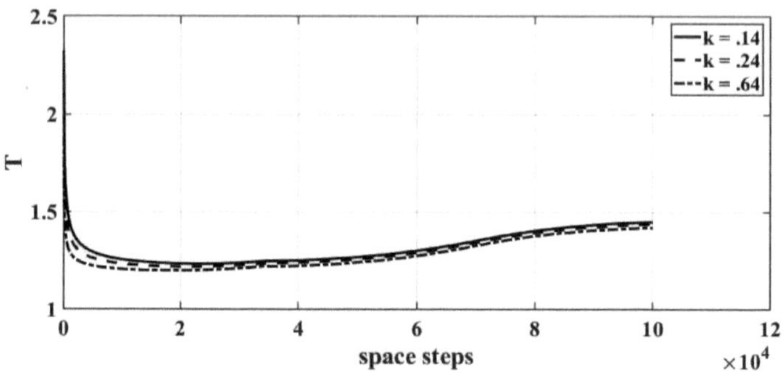

Figura(4.11): A relação entre Temp.& passos de tempo com radiação k= 0.14, 0.24, 0.64 , onde **f=900MHZ,** cb= 3770, ρb= 1060, ωb=0.00125, cp= 3600, ρp= 1030, L= 0.002 , H0= 2, E0= 2.

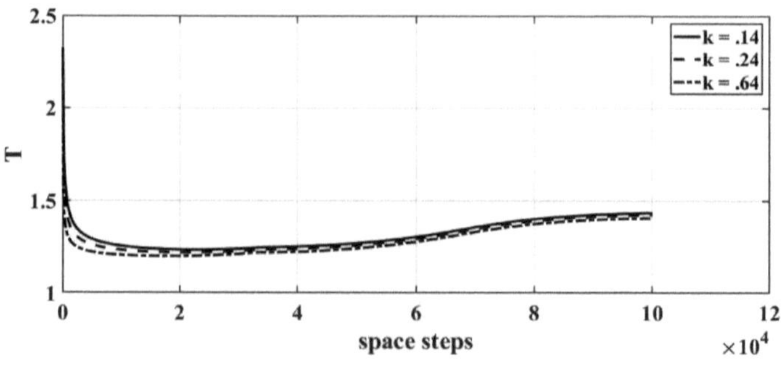

Figura (4.12): A relação entre Temp.& passos de tempo com a condutividade térmica do tecido k= 0.14, 0.24, 0.64 , onde **f=1800MHZ,** cb= 3770, ρb= 1060, ωb=0.00125, cp= 3600, ρp= 1030, L= 0.002 , H0= 2, E0= 2.

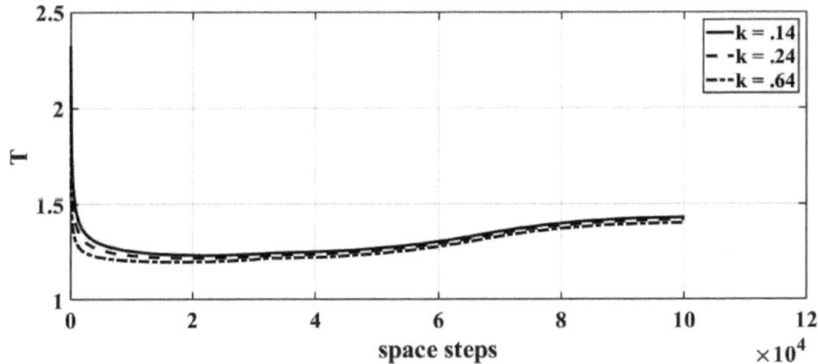

Figura(4.13): A relação entre Temp.& passos de tempo com radiação = 2.4 GHZ, onde, k= 0.14, 0.24, 0.64 , onde **f=2400MHZ,** cb= 3770, ρb= 1060, ωb=0.00125, cp= 3600, ρp= 1030, L= 0.002 , H0= 2, E0= 2.

4.6 Futuer Work

Pode ser estudada a simulação numérica de EMR no tecido cardíaco humano em 2D ou 3D utilizando o método FDTD. O efeito térmico, a densidade de potência e a SAR nas camadas do coração humano por FDTD. Estudo da simulação numérica de EMR noutros tecidos do corpo humano.

A lista de referências

A lista de referências

Abo Amra, H.-A. A. M. (2017). Simulação do Modelo de Cabeça Humana Exposto à Radiação RF da Antena Dipolo Usando o Método de Diferença Finita no Domínio do Tempo.

Andrews, D. L. (2009). *Encyclopedia of applied spectroscopy (Enciclopédia de espetroscopia aplicada)*: Wiley-VCH Weinheim, Alemanha.

Arackal, A., & Alsayouri, K. J. S. (2020). Histologia, Coração.

Archambeault, B. R., Ramahi, O. M., & Brench, C. (2012). *Manual de modelação computacional EMI/EMC* (Vol. 630): Springer Science & Business Media.

Atwater, F. H. J. J. o. s. e. (1997). Aceder a estados anómalos de consciência com uma tecnologia de batida binaural. *11*(3), 263-274.

Barchanski, A. (2007). *Simulações de campos electromagnéticos de baixa frequência no corpo humano.* Technische Universität,

Barchanski, A., Clemens, M., Gjonaj, E., De Gersem, H., & Weiland, T. J. I. t. o. m. (2007). Cálculo em grande escala de correntes induzidas por baixa frequência em modelos de alta resolução do corpo humano. *43*(4), 1693-1696.

Belyaev, I. J. E. B., & Medicine. (2005). Efeitos biológicos não térmicos das micro-ondas: conhecimento atual, perspetiva futura e necessidades urgentes. *24*(3), 375-403.

Born, M., & Wolf, E. (2013). *Princípios de ótica: teoria electromagnética da propagação, interferência e difração da luz*: Elsevier.

Charny, C. K. (1992). Modelos matemáticos de transferência de bio-calor. Em *Advances in heat transfer* (Vol. 22, pp. 19-155): Elsevier.

Chen, J. (2010). *Um método híbrido de elementos espectrais/elementos finitos no domínio do tempo para simulações electromagnéticas multiescala.* Universidade de Duke,

Chen, Q., Katsurai, M., Aoyagi, P. H. J. I. T. o. A., & Propagation. (1998). Uma formulação FDTD para meios dispersivos usando uma densidade de corrente. *46*(11), 1739-1746.

Cheng, D. K. (1989). *Campo e onda electromagnética*: Pearson Education India.

Deng, Z.-S., Liu, J. J. P. A. S. M., & Applications, i. (2001). Modelo baseado na perfusão sanguínea para caraterizar a flutuação de temperatura em tecidos vivos. *300*(3-4), 521-530.

Durney, C. H. J. P. o. t. I. (1980). Dosimetria electromagnética para modelos de seres humanos e animais: Uma revisão das técnicas teóricas e numéricas. *68*(1), 33-40.

Eisenberg, L. M., & Markwald, R. R. J. D. b. (2004). Recrutamento celular e o desenvolvimento do miocárdio. *274*(2), 225-232.

El-dabe, N. T., Mohamed, M. A., & El-Sayed, A. F. J. A. J. o. B. (2003). Effects of microwave heating on the thermal states of biological tissues (Efeitos do aquecimento por micro-ondas nos estados térmicos dos tecidos biológicos). *2*(11), 453-459.

Elert, G. J. F. J. (1998). O hiperlivro de física. *9*, 2008.

Ellingson, S. W. (2016). *Engenharia de sistemas de rádio*: Cambridge University Press.

Elwasife, K. Y. J. I. J. o. P., Ciências, A., & Tecnologia. (2012). Simulação da Radiação Térmica do Sistema Global Móvel na Retina do Olho pelo Método FDTD. *10*(1).

Elwasife, K. Y. J. J. o. E. A., & Aplicações. (2011). Densidade de potência e SAR em tecido vital multicamadas em frequências de sistema global móvel (GSM)*3*(08).

Emili, G., Schiavoni, A., Francavilla, M., Roselli, L., Sorrentino, R. J. I. T. o. M. T., & Techniques. (2003). Cálculo do campo eletromagnético no interior de um tecido a frequências de comunicações móveis. *51*(1), 178-186.

Feynman, R. P. (1986). *The Feynman Lectures on Physics Vol l*: Narosa.

Foletti, A., Lisi, A., Ledda, M., de Carlo, F., Grimaldi, S. J. E. B., & Medicine. (2009). Sinais celulares de ELF como uma possível ferramenta na medicina informativa. *28*(1), 71-79.

Ford, W. (2014). *Álgebra linear numérica com aplicações: Using MATLAB*: Academic Press.

Gansen, A., El Hachemi, M., Belouettar, S., Hassan, O., & Morgan, K. J. A. A. o. C. M. i. E. (2020). Um esquema FDTD de malha não estruturada 3D para modelagem EM. 1-33.

Ge, Z., Li, A., McNamara, J., Dos Remedios, C., & Lal, S. J. H. f. r. (2019). Patogênese e fisiopatologia da insuficiência cardíaca com fração de ejeção reduzida: tradução para estudos em humanos. *24*(5), 743-758.

Giering, K., Lamprecht, I., Minet, O., & Handke, A. J. T. a. (1995). Determinação da capacidade térmica específica de tecidos humanos saudáveis e tumorais. *251*, 199-205.

Goldsmith, A. (2005). *Wireless communications*: Cambridge University Press.

Gross, L., & Kugel, M. J. T. A. j. o. p. (1931). Topographic anatomy and histology of the valves in the human heart. *7*(5), 445.

Hallaj, I. M., & Cleveland, R. O. J. T. J. o. t. A. S. o. A. (1999). Simulação FDTD de campos de pressão e temperatura de amplitude finita para ultrassom biomédico. *105* (5), L7-L12.

Hao, J.-J., Lv, L.-J., Ju, L., Xie, X., Liu, Y.-J., Yang, H.-W. J. B. S. P., & Control. (2019). Simulação de propriedades de propagação de micro-ondas em tecidos abdominais humanos em endoscopia de cápsula sem fio por FDTD. *49*, 388-395.

Hartnett, J. P., Irvine, T. F., & Cho, Y. I. (1992). *Advances in Heat Transfer: Bioengineering Heat Transfer*: Academic Press.

Hassard, J., Holliday, R., & Willmott, H. (2000). *Body and organization*: Sage.

Hildebrand, M., Goslow, G. E., & Hildebrand, V. (1995). Análise da estrutura dos vertebrados.

Ho, L., & Fatahi, B. J. I. J. o. G. (2016). Análise de consolidação unidimensional de solos não saturados sujeitos a carregamento dependente do tempo. *16*(2), 04015052.

Hristov, J. J. F. i. P. (2019). Modelos de bio-calor revisitados: conceitos, derivações, abordagens de não-dimensalização e fracionamento. *7*, 189.

Jami, A., & Abdallah, M. (2017). Simulação Experimental e Numérica dos Efeitos da Radiação da Estação Base de Telemóvel na Interação Sanguínea das Crianças e no Papel Terapêutico do Azeite.

Jeruchim, M. C., Balaban, P., & Shanmugan, K. S. (2006). *Simulation of communication systems: modeling, methodology and techniques (Simulação de sistemas de comunicação: modelação, metodologia e técnicas)*: Springer Science & Business Media.

Jiang, S., Ma, N., Li, H., & Zhang, X. J. B. (2002). Efeitos das propriedades térmicas e das dimensões geométricas nas lesões por queimadura da pele. *28*(8), 713-717.

Jin, J. (2018). *Análise eletromagnética e design em imagens de ressonância magnética*: Routledge.

KAUSHIK, R., & PATHAK, P. EFFECT OF MOBILE PHONE RADIATION ON HUMAN BODY.

Khan, F. M., & Gibbons, J. P. (2014). *Khan é a física da terapia de radiação*: Lippincott Williams & Wilkins.

Kirson, E. D., Schneiderman, R. S., Dbalý, V., Tovaryš, F., Vymazal, J., Itzhaki, A., . . . Goldsher, D. J. B. m. p. (2009). A eficácia e a sensibilidade do tratamento quimioterapêutico são aumentadas por campos eléctricos alternados adjuvantes (TTFields). *9*(1), 1-13.

Kong, J. A. J. N. Y. (1975). Teoria das ondas electromagnéticas.

Kunz, K. S., & Luebbers, R. J. (1993). *The finite difference time domain method for electromagnetics*: CRC press.

Lavin, L. M. (2006). *Radiografia em Tecnologia Veterinária - E-Book*: Elsevier Health Sciences.

LeVeque, R. J. J. D. v. f. u. i. A. (1998). Métodos de diferenças finitas para equações diferenciais. *585*(6), 112.

Lu, W.-Q., Liu, J., & Zeng, Y. J. E. A. w. B. E. (1998). Simulação da propagação de ondas térmicas em tecidos biológicos pelo método dos elementos de fronteira de reciprocidade dupla. *22*(3), 167-174.

Maxwell, J. C. J. P. t. o. t. R. S. o. L. (1865). VIII. Uma teoria dinâmica do campo eletromagnético. (155), 459-512.

Menche, N., & Raichle, G. (2020). *Biologie Anatomie Physiologie*: Elsevier Ciências da Saúde.

Milligan, T. A. J. I., Publicação Hoboken. (2005). Modern Antenna Design, Nova Jersey: John Willey & SonS.

Morris, J. L., & Nilsson, S. (2021). O sistema circulatório. Em *Fisiologia comparativa e evolução do sistema nervoso autônomo* (pp. 193-246): Routledge.

Ng, E., & Chua, L. J. B. (2002). Comparação de programas unidimensionais e bidimensionais para prever o estado de queimaduras na pele. *28*(1), 27-34.

Ohtani, S., Ushiyama, A., Maeda, M., Ogasawara, Y., Wang, J., Kunugita, N., & Ishii, K. J. J. o. r. r. (2015). Os efeitos dos campos eletromagnéticos de radiofrequência na função das células T durante o desenvolvimento. *56*(3), 467-474.

Oskooi, A. F., Roundy, D., Ibanescu, M., Bermel, P., Joannopoulos, J. D., & Johnson, S. G. J. C. P. C. (2010). MEEP: Um pacote de software livre flexível para simulações electromagnéticas pelo método FDTD. *181*(3), 687-702.

Pennes, H. H. J. J. o. a. p. (1948). Análise das temperaturas do tecido e do sangue arterial no antebraço humano em repouso. *1*(2), 93-122.

Petrofsky, J. S., Lohman III, E., Suh, H. J., Garcia, J., Anders, A., Sutterfield, C., . . . Khandge, C. J. J. o. A. R. (2006). Determinação da troca de calor condutiva da pele em relação à temperatura ambiente. *6*(2).

Phillips, J. L., Singh, N. P., & Lai, H. J. P. (2009). Campos electromagnéticos e danos no ADN. *16*(2-3), 79-88.

Rattanadecho, P., Wongwises, S. J. C., & engineering, c. (2007). Simulação da congelação de meios porosos saturados de água numa cavidade retangular sob múltiplas fontes de calor com diferentes temperaturas usando uma interpolação transfinita combinada e métodos PDE. *31*(4), 318-333.

Rhim, H. C., & Buyukozturk, O. J. M. J. (1998). Propriedades electromagnéticas do betão na gama de frequências de micro-ondas. *95*(3), 262-271.

Sankaran, S., & Ehsani, R. (2014). Introdução ao espetro eletromagnético. Em *Imaging with Electromagnetic Spectrum* (pp. 1-15): Springer.

Schemann, M. J. D. G. (2017). Reizdarm und Reizmagen-Pathophysiologie und Biomarker*12*(2), 114-129.

Sengupta, D. L., Sarkar, T. K. J. I. A., & Magazine, P. (2003). Maxwell, Hertz, os Maxwellianos, e o início da história das ondas electromagnéticas. *45*(2), 13-19.

Severs, N. J. J. B. (2000). A célula muscular cardíaca. *22*(2), 188-199.

Seybold, J. S. (2005). *Introdução à propagação de RF*: John Wiley & Sons.

Stewart, K. (2007). *Ordinary affects (Afectos comuns)*: Duke University Press.

Sun, J., & Hynynen, K. J. T. J. o. t. A. S. o. A. (1998). Focalização de ultrassom terapêutico através de um crânio humano: um estudo numérico. *104*(3), 1705-1715.

Taflove, A., Brodwin, M. E. J. I. t. o. m. t., & techniques. (1975). Solução numérica de problemas de dispersão electromagnética em estado estacionário utilizando as equações de Maxwell dependentes do tempo. *23*(8), 623-630.

Taflove, A., Hagness, S. C., & Piket-May, M. J. T. E. E. H. (2005). Electromagnética computacional: o método de diferenças finitas no domínio do tempo. . *3*

Taflove, A., Umashankar, K. J. I. T. o. A., & Propagation. (1982). Uma abordagem híbrida do método dos momentos/domínio temporal de diferença finita para o acoplamento eletromagnético e a penetração da abertura em geometrias complexas. *30*(4), 617-627.

Taflove, A. J. I. T. T. o. e. c. (1980). Aplicação do método de diferenças finitas no domínio do tempo a problemas de penetração electromagnética sinusoidal em estado estacionário. (3), 191-202.

Tortora, G. J., & Derrickson, B. H. (2018). *Princípios de anatomia e fisiologia*: John Wiley & Sons.

Tran, D. B., Weber, C., & Lopez, R. A. J. S. (2020). Anatomia, Tórax, Músculos do Coração.

Trebsdorf, M., & Gebhardt, P. (2000). *Biologie, Anatomie, Physiologie*: Weltbild-Verlag.

Turner, J. E. (2008). *Atoms, radiation, and radiation protection (Átomos, radiação e proteção contra radiações)*: John Wiley & Sons.

Varotto, G., & Staderini, E. (2008). *Um modelo de atenuação 2D simples para ondas EM em tecidos humanos: Comparação com um simulador 3D FDTD para radar médico UWB*. Documento apresentado na conferência internacional IEEE de 2008 sobre banda ultralarga.

Von, J., & NEUMANN, R. R. J. J. A., Phys. (1950). Um método para o cálculo numérico de choques hidrodinâmicos. *21*, 232.

Wang, H., Burgei, W. A., & Zhou, H. J. O. P. (2020). Solução analítica da equação de bioheat unidimensional de Pennes. *18*(1), 1084-1092.

Wang, J., Fujiwara, O. J. I. T. o. M. T., & Techniques. (1999). Cálculo FDTD do aumento de temperatura na cabeça humana para telefones portáteis. *47*(8), 1528-1534.

Weinbaum, S., & Jiji, L. (1985). Uma nova equação de bioaquecimento simplificada para o efeito do fluxo sanguíneo na temperatura média local do tecido.

Weinstein, L. J. R. i. s., Moscovo. (1988). Ondas electromagnéticas.

Weisstein, E. W. J. h. m. w. c. (2002). Curl.

Wood, A. W., & Karipidis, K. (2017). Proteção contra radiações não ionizantes: resumo das opções de investigação e políticas.

Xu, F., Lu, T., Seffen, K., & Ng, E. J. A. m. r. (2009). Modelação matemática da transferência de bio-calor da pele*62*(5).

Xu, L., Meng, M. Q.-H., & Hu, C. J. I. T. o. I. T. i. B. (2009). Efeitos dos valores dieléctricos do corpo humano na taxa de absorção específica após exposição a 430, 800 e 1200 MHz de RF a um dispositivo sem fios ingerível. *14*(1), 52-59.

Yan, Y., Wang, Z. J. I. J. o. I., & Waves, M. (2003). Análise Teórica do Efeito Térmico Biológico de Ondas Milimétricas em Layered-Dielectric-Slabs. *24*(5), 763-772.

Yee, K. J. I. T. o. a., & propagação. (1966). Solução numérica de problemas de valor limite inicial envolvendo as equações de Maxwell em meios isotrópicos. *14*(3), 302-307.

Zamanian, A., & Hardiman, C. J. H. F. E. (2005). Radiação electromagnética e saúde humana: A review of sources and effects. *4*(3), 16-26.

Zhu, L., & Bischof, J. J. U. F. C. (2019). Uma nova equação de bioaquecimento simplificada para o efeito do fluxo sanguíneo na temperatura média local do tecido.

Zhu, L., Diao, C. J. M., Engineering, B., & Computing. (2001). Simulação teórica da distribuição da temperatura no cérebro durante o tratamento de hipotermia ligeira para lesões cerebrais. *39*(6), 681-687.

Printed by Books on Demand GmbH, Norderstedt / Germany